JN202783

続 自動車問答

沢村 慎太朗

目次

「カネがない」

世の中に趣味と言われるものは数多あれど、その中でクルマはかなりお金がかかります。なにせ対象たるクルマは新車なら軽でも１００万円以上するんだもの。地獄の沙汰も金次第ならクルマを楽しむのも金次第？　それがシビアな現実なのかと悩む若者がひとり。

楽しく毎号拝読しています。でも私は給料は安くて当分上がる見込みはないし、そこへもってきて最近の急激な物価上昇。ガソリンもレギュラーで１４０円／ℓを超えるのが普通。自動車は子供のころから大好きで、雑誌やネットをはじめ、たくさん読んできたのですが、自分で買える見込みが全然立ちません。なのに良さげな新型車の記事ばっか見てると虚しくなります。もう雑誌を買う気が失せてきました。この際、雑誌を買うのをお休みしたほうがいいのでしょうか。

【東京都練馬区 匿名希望さん】

23歳のかたからのお便りです。「質問になってないのですが」という前置きがありました。お気持ちが想像できますし、結構根深い問題と思うので、答えさせていただきます。

23歳でまっとうに働いているのにクルマが買えない。このことに関しては、おれは全然おかしなことじゃないと思ってます。出版物に書いて責任を持つレベルで日本の経済実態に関する研究をしてるわけじゃないので、総論で23歳の人が置かれてる環境がどうだとかは言えません。しかし、おれ個人の実体験からすれば、20代前半でクルマが買えないというのは別に異常なことじゃないと思ってます。つか、買えねえんですよ23とかじゃ普通は。

とか言ってみるおれは、実は19歳のときに新車の50系セリカXXを買いました。でもそれは、バイト代を貯めたのを親父に突き出して、これでウチのクルマを買い換えてくれって交渉して買ったんです。だから、保険も車庫代も税金も、おれが払ったわけじゃない。当時住んでたのは浅草と上野の間のあたりでしたが、あのへんは昔から貸し車庫代が高くて、屋根なしで3万円以上、屋根付きだと5万円はしました。40年近く前ですぜ。んな額をガキのおれに払えるわけもない。自力じゃ絶対買えなかったでしょうね。あ、ちなみに40年前のガソリン代は150円／ℓとかで、ちょうどなくなりかけてた有鉛ハイオクを高いところで入れると180円／ℓ以上。シツコイようですが40年前でね。クルマそのものはゼイタク言わなきゃ5万円10万円とかでありましたが、付随費用が、からっきし払えなかったんですよ。

もちろん、おれと違って根性入ったダチで、自力で買ったやつらはいます。ただ彼らは皆んな職人系の仕事でした。職人系の仕事は、年とともに収入がどんどん上がっていったりはしないけど、その代わり初めからわりと給料がいいんです。でも、そういうダチでも、安い中古で、食うものも食わず稼いだ有り金全部そのクルマにぶち込んで、車庫は隣の区の安いとこに借りといて週末だけ取りに行って乗るってな涙ぐましい努力をしてました。

日本は戦後に嘘のような高度成長をして、80年代末にバブルが弾けるまで、世代に関係なく可処分所得は尻上がりに上がっていき、20代でクルマを買う人は珍しくなくなりました。でも、どっちかつうとそのほうがヘンだったと思います。「最近の若者がクルマを買わない」なんて台詞をよく耳にしますが、いったい何時を基準に言ってやがるんだと思いますね。「買えた」時代のほうがヘンなのであって、そこを基準にすんじゃねえよと。匿名希望さん、そういう基準がヘンな話に目くらましされないでください。

さて、状況論は状況論として、匿名さん個人が買えないもんは買えない。買えなくて心オダヤカでない。それは間違いない事実。でもですね、果たして「クルマ好き＝買って乗ること」なんでしょうか。買わなくても乗らなくても、クルマを楽しむことはできると思うんです。例えば911のPDKが、どんなシカケで動くのか。なぜカレラ4はセンターデフが電制多板クラッチになったのか。燃料電池車の中身ってどうなのか。そういう知的好奇心で楽しむことはできる。また、今度の911はDIN基準表記で1425kgだけど、初代0シリーズは何kgだったのか。そもそもDIN基準って何なのか。そんな風に、興味を過去に遡らせたり枠を広げたりすれば、クルマはいくらでも楽しめます。図書館に行けば意外に本格的なクルマの本が借りれますし、ネット上には数は少なくとも、プロフェッショナルレベルまでの情報が転がってたりします。

ひと昔前までは、そういう方向の興味に応えてくれる自動車雑誌がたくさんありました。でも、今はほとんどない。乗ったら走ったらこういう感じがしますよ風の記事しかない。それって、買う人のガイドをするだけのお試し感想文。そういうバイヤーズガイドだってあっていいとは思いますが、何か意味のあることを読み手に伝えて、理解の深度を深め、知的好奇心を充たすようにも書けるはず。なのに、アクセル踏んだらこんな音がして加速したとか、ハンドル切ったら曲がったとかの小学生の感想文。乗って走れない人がアアソウデスカになって、面白くもなんともないのは当たり前だと思います。

でもね、そういう現状にグチ垂れててもしょうがないんです。クルマに乗らないで楽しむ方法はいくらでもあると思いますぜ。

だってほら、他の趣味の世界を見てごらんなさい。例えば鉄道にしたって飛行機にしたって軍事関係にしたって、どれも自分じゃ乗れない走らせられない。でも、そういうもののファンの人たちは、クルマなんかよりもっとずっと熱く一生懸命で楽しんでます。クルマの世界だって、模型の場合は、製作時に実車の資料はとんでもなく熱心に集めるけど、だからといって「乗りたいけど」とか「買いたいけど」とかグチ言わずに、夢中で楽しそうに模型を作ってる。そういう人たちに比べれば、ショールームで試乗車に座るくらいなら簡単にできて、もしかしたらいつか買って乗れるかもしれない自動車の世界は、なんと夢と希望に満ち溢れた極楽なことでしょう。グチってると、自らが所有して動かすことが99・99％叶わぬ相手に無償の愛を注いでいる彼らに笑われちゃいますぜ。

クルマが楽しめるかどうかは、自分で自分を面白がらせる能力で決まります。買えなくたって乗れなくたっていいんです。フェラーリが目の前をかっ飛んでいこうと、隣の家に新車の911が納車されようと、そういう人たち以上に楽しんでしまえばそれでいいんです。さあ明日から、ひとつ上の興味でクルマをもっと楽しんじゃいましょう。

「女房子供用に非ず」

憧れのフェラーリ。よし買うぞと思い立ったとき気がつくのは大半のモデルが2人乗りだということ。家族持ちだと苦情が心配になります。そんなときに視線が行くのは地味ながらいつの時代も存在する2＋2モデルです。

中古フェラーリを買おうと思っています。2人乗りベルリネッタは敷居が高いですが、2＋2モデルなら価格も手頃で、後ろにもシートがあって家族で乗れるので、いいかと思いまして。612スカリエッティあたりだとまあまあ安いですし、古ければモンディアルなんかもありますし。

【東京都杉並区 K・Tさん】

何を仰るウサギさんじゃなかったK・Tさん。最初に言っておきます。フェラーリの2＋2は、412だろうと612スカリエッティだろうとFFだろうとモンディアルだろうと同じ。2＋2モデルをつかまえて、家族で乗るためのクルマとか言ってるようじゃあ話になりません。

だってフェラーリですよフェラーリ。そのへんのプレミアムセダンとやらの何十倍も派手で目立ちます。中古であっても新車のベンツSLより目を引きます。だから当然、風当たりは強くなる。イタズラや妬み嫉みを自分から買って出るようなクルマなんですぜフェラーリは。そういう物体にファミリー気分なんぞ垂れ流して乗ろうってのは、これもう見当違いもいいところです。

じゃあ、なんでそういうフェラーリに2＋2座があるのかってえと、それは後ろに子供乗せるためじゃなく、キレイなおネエさん乗せるためでしょう。

これは実体験で言うんですが、2座車の、しかもフェラーリにおネエさんを乗せるのはかなり難しい。だってクルマがそもそもアヤシいし、そこに野郎とふたりきりになるのは誰でも躊躇いますわな。しかし、友達とふたりなら少し安心なので、乗ってくれる確率が増えたりします。普通のナンパだってそうでしょう。1対1のナンパって、相当の手練れじゃないと無理。そういう風に、おネエさんを捕獲しやすいから2＋2なんですぜ。K・Tさんが、狩猟方向なんぞ望んでないのであれば、手堅くドイツ製の高性能クーペでも買ったほうがいいんじゃないでしょうか。

それにまたフェラーリという名の物体がとりあえず欲しいというなら、家族がとか言ってないで、V12フロントエンジンにしろV8ミドにしろ2座を買うことを勧めます。なにしろフェラーリを完調にしておくには、それなりにメンテナンス費用を投入しなければなりませんし、その金額はどんなモデルでもほとんど変わりゃしません。にもかかわらず売るときの下取りは2座の比じゃなく安い。だから覚悟を決めて2座にするのが正しいのです。隣りに乗せるのはひとり。奥方なら独身時代を思い出してデートする。お子さんが男の子だったら走りの享楽を教えてあげる。娘さんだったら大人の女として扱ってやってデートマナーの英才教育をする。フェラーリのロードカーとはそういう風に使うための物体です。70年前から地球上ではそう決まっているのです。

190 DK50

「ダンナがフェラーリを買うと言い出した」

フツーにフツーなクルマに乗ってた人が、ある日いきなり突拍子もない車種を買いたくなる。まあ珍しくはない。でも、それがフェラーリとは……。仰天の後、困惑した奥様からの質問です。

ダンナがフェラーリを買うと言い出しました。新車ではなくF355という少し前のやつだそうです。他に趣味や遊びもしない人ですし、これまで長年マジメに頑張って稼いできてくれたので、ご褒美としてそのくらいはいいかなとは思ってますが、どうなんでしょう。許してあげて大丈夫でしょうか。

【千葉県習志野市　匿名希望さん】

奥様のナイショのご相談ですね。であれば、「大丈夫か」とは、維持費がどうとか、事故車の見分けかたとかの話であるはずがない。ダンナ様が大丈夫か、ということですね。

えー、フェラーリとかそういう派手なクルマを買った人の奥様は、大概こういう風なことを仰いますな。

「安くはないけど、まあオンナに走るくらいなら……」

果たしてそうでしょうか。

まず初めに、おれの実地体験です。言っときますが、フェラーリに乗ってるだけでモテたりはしません。世の中そう単純じゃありません。つうか、逆にダメなことのが多いです。なんたってアヤしすぎる。もちろんカネあるだろうとは思われるでしょうが、それならベンツSクラスやレクサスLSのほうがよっぽどいいです。アヤシい度がまだ低いから。

それにですね、F355ってシートがふたつしかありません。ナンパは1対1が最も難しいってくらいで、男ひとりで、ひとりの女のコをクルマに乗せるのには、かなり上級のワザが要ります。ましてや誰が見ても派手派手フェラーリ。そう簡単にコトが運ぶはずがない。ダンナ様が元々そういうワザを有する達人なのであれば、初めっからここに相談してきてないですよね。

という風に、基本はそうなのですが、続きがあります。フェラーリみたいな派手キラビヤカに免疫がない人が、初めてそういう物体に乗りだすと、乗ってる人間のほうのココロモチが少しずつ変化してくるのですね。最初は「自分はスポーツカーとしてこれが好きなんだ」とかエンスージアスト風にマジメに思ってたりするんですが、いつしかクルマに標準装備されたヨコシマ性が心に染み込んでくる。チャラチャラした奴に見られてるなあと思ってるうちに、なーんか自分がチャラチャラしたくなってくる。人間性に微妙な変化が出てきちゃうんですな。

まーこれだけなら問題はないんです。したくなっても、先に書いたように、意外に簡単にはできないもんなので。

ところが、そこに魔の手が忍び寄ってくるのですな。どこからかというと、フェラーリ仲間ってところから。どのクルマでも同じ車種の仲間はいつの間にかできてくるもんですが、特にフェラーリのようなクルマの場合は、仲間を作りたくなる。てのは、ヒガまれやすい車種だからです。一般世間的には、フェラーリのフェの字を出しただけで、色々とヤヤコシイ視線を浴びがち。フェラーリは一種の人間のリトマス試験紙で、人がそれまで腹にひた隠していたどす黒いゾーモツが、フェラーリを見せられると表に噴出したりするのです。でもフェラーリ所有者だけの集まりなら、そういうのがないので、安心してクルマの話が心置きなくできますから。

ところがですね、そういう仲間内で、いつの間にか合コンとかいう方向の話が登場するんです。実は世間が思ってるよりフェラーリ乗ってる人って朴訥マジメ係数が高く、遊び人確率は意外に低いのですが、でも野郎が多数集うと必ず、そういうのが好きで、そういう実行力がある人がいるもんで、ここでもその法則は成立するのです。そして、最初は少しだった参加者も、回を重ねるごとに増えてきて、空気が変わっていくと。

さあ合コンとなると、話はナンパの類とは違ってきます。女のコとしては、合コンならば、相手の保証が最初から付いてくるので、アヤシイという警戒心は薄れ、俄然「フェラーリ持ち＝カネがある」という点がクローズアップされてくる。そこに重きを置きたい類の女のコって、やっぱいるでしょう。相手の男が「登録済み」か「未登録」かを問わないタイプもその中にはいたりして。となると……。

まあ最終的にどーなるかは、ダンナ様がどういう心根の人かってことになってしまうわけですが、少なくとも、こういう図式が存在することは承知していたほうがいいでしょう。だからですね、フェラーリ仲間とやたらツルみだしたら要注意ってことです。日本でフェラーリ買えるような人は忙しく働いてることが多く、普通ならそんなに集会は頻繁にはできないもんなのです。その際は、早期警戒網を敷いたほうがいいでしょうね。その際の探査チェックポイントは、男のおれよりも女の人のほうが詳しいでしょうから、お任せします。

OFFICIAL PACE CAR
ANNUAL 500-MILE RACE

「ステアフィールはそんなに大事か」

メディア上の試乗記で、しばしば使われる専門用語があります。中でも頻繁に出てくるインプレ用語がステアフィール。操舵感という日本語よりも、そんな英語のほうが情緒的なところまで表現してるような気がするマジックワードです。

よく雑誌のインプレッションにステアフィールがどうこうという文章が出てきます。そんなに重要なことなのでしょうか。

【長野県松本市 稲田さん】

おれ自身は、ステアフィールって、クルマの根幹にかかわる問題とまでは考えてません。そりゃフィールは良いほうがいいですが、といって伝わってくる情報が薄くても、それだけでクルマそのものがダメだとは判断しません。プジョー308初代の、特にSWのステアフィールには正直言って呆れましたが、それだけで308が駄目なクルマだと断じようとは思わない。第5世代以降のゴルフのステアフィールは業界で絶賛されてましたが、おれにはかなり薄いものに思えました。何というか、貴方はほんにカゲロウか、さもなくば幽霊か。滑らかなフィールの演出のほうに特化してしまって、前輪の仕事の情報伝達のほうが後回しになっているんじゃないかと思った。それでも端的な車輛評価への大きなマイナスには勘定しませんでした。

ただしEPS(電動アシスト操舵系)に特有の不始末は別の話です。あれは直進でも切ったときでも間違った情報が伝わってきやがる例が未だに少なくない。嘘をつく操舵系は問題外。ここでは、そうではない真っ当な操舵系の話をします。そういうものでも、おれはステアフィールに大きな比重を置きません。

もしかすると、こういう基準の置きかたは、これまでの車歴のせいかもしれません。姿勢変化で曲がる古いアルファや、フロント荷重が軽いミドシップ車に長く乗ってましたからねえ。

伝わってくるフィールがどうこう以前に、ヨーそのものやヨー軸の移動の様子を察知する習慣がついちまいました。そうじゃないとフェラーリ328なんか、あっと思ったときは手遅れで、瞬く間にとっ散らかって命が危ないですから。

考えてみると、ステアフィールってやつを重視する人は、おれよりも少し若いですね。FFで育った世代が多いような気がします。FFってフロントヘビーだから、元々フィールが出やすい。曲がるときも、最初から前が重いので、荷重移動を起こしてやって、前を意識して使うような走りかたにはならない。基本的に舵角で曲がっていく走りになる。となると曲がるか曲がらないかは、ステアリングからの情報フィードバックが頼りになります。そういうわけでFF世代の人はステアフィールのことを重要視するんでしょうね。

まあそんなわけで、おれはステアフィールを、クルマという機械を評価するとき、それなりの重要度にしか考えてないのです。ですが機械の良否評価を離れれば、それはなかなか大事なものだとは思ってます。クルマが与えてくれる楽しみには色々なものがありますが、そのうちステアフィールの気持ち良さって、結構デカいものがありますしね。

ステアフィール。それは女のコで言えば肌なんじゃないでしょうか。野郎が集って女のコのことを話題にするときに、最大のテーマになるのは性格じゃなく、やっぱり顔がどうだの体型がどうだのって話です。でもオッサンになってから気づいたんですが、顔や身体は、人によって好みがあって、それも時とともに変わっていくんですね。甘口顔の色白がとか、辛口顔の黒ギャル系がとか、スレンダー系がいいとか巨乳がいいとか、まあ身のほど知らずに我々野郎どもは勝手にワメくのですが、久しぶりにダチに会って話すと、それが昔と一変してたりする。いやー、あれなんですねえ、本質的には今手元にないものを欲しがってるだけだったりするんですね要するに。よっぽどの筋金入りのフェチな人は除いて、大抵好みは変わるんです。

しかしですね、肌だけは別。肌が汚いのが好きってヤツはいないのです。

ステアフィールってそういうもんなんだと思います。美人か不美人かって話をしてるんじゃやなく、微乳か巨乳かって話をしてるんじゃなく、肌がキレイだと言ってるんですね。肌がキレイなのが嫌いなヤツはいません。おれもそうです。ステアフィールがいいクルマは大好きです。

「ヅラをのせてはいけません」

オープンカーを買って愉しんでいるうちに、ふと思うことがあります。それは雨の日。ハードトップを買って、そんな日に被せれば、オープンとクーペの2台持ちと一緒なんじゃないか。世の中、そう上手く行くのでしょうか。

ユーノス・ロードスターNA8C型に乗っています。最近ハードトップが欲しくてヤフオクとかで色々と物色してます。でもハードトップ着けると重心が高くなってハンドリング性能が落ちそうで心配です。ハードトップ装着時のスタイルが好きなんですがやっぱダメですかね。

【東京都新宿区 須々木さん】

そりゃまあ車輌全体の重心は上がるでしょうねえ。あれ重いですから。平成元年式のおんぼろNAロードスターに乗ってたとき、要りもしないのに勝手にクルマに付いてきたあれ、ひとりで外そうとして死にそうな目に遭いましたぜ。中に乗って左右のシートの上に立って、両手と頭でおりゃーと重量挙げよろしくなんとか持ち上げたのはいいんですが、「しまった、置くのはどーすりゃいいんだ」なんてね。アタマの悪さ半端じゃないですな我ながら。

話を戻してハードトップ。重心もそうですが、操縦性も変わります。たいがい旋回特性がオーバー方向になるんです。クルマの車体は、それ自身がひとつのばね系として機能しています。なにしろ、この世に完全な剛体なんざ存在しねえですから、車体はねじれてバネとして働いちゃうんです。この車体のバネ要素まで含めて、サスペンションのセッティングは決められます。つうかアシは実際に走らせて決めるので、必然的にそうなります。

ところがですね、オープンカーの場合はそれが難しい。屋根を着けたときと屋根がないときとで、微妙ではありますが確実に、ねじれ度合いが変わってきちゃうんですから。じゃあどうするのかというと、世の中の大抵のオープンカーは屋根のない状態を基本にします。だってほらオープンカーなんだからね。そういう風に作ったオープンカーに屋根を着けるとどうなるか。車体がカタくなります。前に対して後ろがねじれにくくなる。てことは、後ろのバネを硬めたのと同じこと。リアのバネを硬めれば、そう、オーバー方向に特性が向かいます。

ロードスターの場合は、オープンカーの中では、今やさほどカタいボディのクルマじゃあないので、ハードトップどころか幌をかけただけで、操縦性がそっちに振れるのがもろ分かります。NA系からNC系までそうでした。思い出します。霧雨にけむる未明の長尾峠を、NCロードスターに乗ってアコード・ユーロRを追いかけて登ったんです。ユーロRを運転してたのは長尾峠は舗装の割れ目ひとつひとつまで知り尽くしてるってくらいの人でしたから、そりゃもう追いかけるの大変。んで相当マジになって踏んだんですが、いやもうケツ出る出る、ESP入る入る。幌閉めてるせいで、前に筑波で乗ったときより全然オーバー気味なんです。だから立ち上がりで踏めない。長尾峠のようなタイトな登りでは踏めないと話にならず、いい感じで飛ばすアコードに置いてきぼりにされちゃう。そこで意を決してESP解除するついでに幌を開けちゃいました。走ってりゃあ濡れねえだろうと。ちなみに、E46系3シリーズ・カブリオレでもボクスターでも、同じ類のことを体験しています。結局オープンは大なり小なりみんな出るんですそれ。

つうわけで、骨数本の幌程度で出るんですから、ハードトップだとさらに操縦性が変わります。もう覿面に。フェラーリF50ってカーボン車体のクルマがありまして、これは屋根をボルトで取り外しできるようになっている。閉じてる状態で走っているとF50は美しいニュートラルなステア特性。タイトコーナーから高速コーナーまで実に気持ち良く曲がってくれる。ところが外してオープン状態にするとあからさまにアンダー気味に移行する。修善寺のサイクルスポーツセンターで乗ったとき、下りドンツキの右コーナーでアンダー出してササりそうになった。遠洋漁業とか腎臓売ってでも間に合わずに人生終わったの図が走馬灯の代わりに目に浮かびましたぜ。いやーカーボンでも捻じれるんだねえ。全ての物質は必ず幾ばくかの弾性を持っているとのリクツをおれは身体で知ったのでした。まあ500psオーバーのミドシップですから、あとで考えたら屋根なしアンダー気味のほうが市販商品としては正しいのかなとも思いました。屋根着けてると200km/hオーバーの超高速コーナリングでも、2速で曲がるロードスターみたいにお尻がきれいに出ていくしF50。

それからですね、ハードトップを着けると乗り味そのものもガックリ落ちるんです。オープンのときは、車体の下のほうから来た入力が、上もねじれよじれ撓むので、上手く抜けてくれます。しかしハードトップ着けてると、車体を上から押さえ込む形になって、変形が上手く抜けてくれなくなる。その結果、なんかアシの動きが悪いなー、てな感じになるんです。体感上の乗り心地もはっきりと悪くなります。というようなことは、ベソかきそうになりながらNAロードスターのハードトップひとりで外して体験したことです。いやあ、外した直後のあのクルマの激変は忘れられません。これこれ気持ちいい。これよロードスターは。てなもんで。

そういう色々な問題が発生しますので、オープンカーを愉しく味わいたいなら、幌でも味落ちは覚悟するもの。ましてやカツラみたいなハードトップ装着はお勧めしません。

TOYOTA
TOYOTA

「W124に非ず」

古き良きベンツの代表作。最善か無かの時代の名車。なんなら自動車史上に燦然と輝く大傑作。W124系Eクラスがそんな位置づけで語られるようになってきました。一度は乗ってみたいベンツだとかね。でも、本当にそうなのか。W124は果たして神ベンツか。

買い換えの相談です。燃料電池車も登場しましたし、電気自動車も各社から出てくる。ついにガソリンエンジンも終わりかという雰囲気になってきました。そこで、今のうちに乗っておかないと永遠に体験できないクルマをという意味から、あのメルセデスW124を買おうかなと思ってます。スタンダードに直6、通好みの直4、500E。どのモデルがお薦めでしょうか。

【東京都世田谷区 嶋田さん】

まず初めにこれを言っておきます。おれは嶋田さんが挙げられた次世代動力車たちが今のガソリンエンジン車輛に近々取って代わるものだとは思ってないんです。電気自動車がそうですが、今のところ燃料電池車もまたデンキを供給しないと動かない物体で、じゃあそのデンキは何で作るのかといえば、原子力しかない。火力発電だと化石燃料燃やすので、結果はたいして変わらないですから。

そもそも電池ってモンは、動く自動車に載せて動力源として使うには、あんまし向いてないんですよ。電池って、種類は色々あれど、皆どれも、デカいものをユルユル使ったときに効率が良くなるもので、よく言われてる理論上の効率はそういうときに出る数字。ところが、クルマの場合はデカいと置く場所に困るし、デカきゃ重いし、しかも能力をガンガン使わなきゃいけないケースも出てくる。そうすると、効率も話ほどは全然いかないし、電池そのものの寿命も短くなる。こういうことはノートパソコンの電池でも体験しますよね。例えば燃料電池は、デカいのを家の脇に置いてタラタラ使うにゃ向いてますが、あちこち走り回る自動車には向いていない。だいたいすぐに寿命がくる電池をどこに捨てるのよ、と。携帯やノートよかずっとデカくなるでしょうに。そういうわけで、持てる真の可能性以上に燃料電池車や電気自動車にスポットが当たるのは、その裏に原子力利権が絡んでるような気がしちゃうのですね。自動車メーカーのほうは何かやらなきゃまずいからやってるのでしょうが、あまりに電気自動車だ燃料電池だと騒ぐ論者は、眉唾で見るのが正しいかと思いますぜ。

とまあ、それはそれとして、嶋田さんは自動車の時代の記憶をW124で締めくくる決意を固めていらっしゃるわけですね。その前提でご質問にお答えしましょう。

現役時代に人気を博し、中古になってもスターで、最近になってもまだ愛好者がいるW124。そんなW124は往年のベンツの集大成みたいなことに話がなってますね。でも、おれはそうは思わないんです。長々と前フリをした挙句、ここに至ってさらに話をひっくり返して申し訳ないんですが。

確かに、W124は今のベンツ車とは、作りも、それが生み出す味わいも別物のように違います。しかし、そういう味わい方向の意味に限定して考えると、W123以前のもっと前のモデルになればなるほど、ベンツ味は濃厚になるんです。W124は、そういう「往年ベンツ味」の究極じゃあない。徐々に味わいが薄くなっていく歴史の中で、それが誰の目にもはっきり残っていた最後のクルマというところなんだと思います。

じゃあなぜW124が、ここまでもてはやされたのかといえば、それは「バランスが良かった」からに他なりません。W123以前のベンツは、空調や音振をはじめとした洗練性とか、加速減速能力が、現代のトラフィックに対して、ある一線を越えて辛くなります。スポーツカーじゃなくて乗用車ですから、居心地のラクチンだって大事じゃないですか。一方W124は、そういう洗練性や性能は今の時点で見ても、まあまあ。その上、ベンツ味も明確に残ってる。そういう両得グルマとして「いいベンツ」とされてきたんだと思います。

しかもですね、「最善か無か」なんて無責任野郎どものテキトーなホメ原稿がお約束ですが、W124は当時としてもシャシー性能が超一流ってわけじゃなかった。年次改良ごとにアシを緩めたり硬めたりして操縦性と乗り心地の兼ね合いに苦労して、結果これだという着地点は見つからずじまいでした。まあ、同時期のトヨタ・マークⅡなんぞと比べれば雲泥の差であることも確かなんですが……。

なので、おれはＷ１２４じゃないのをお薦めします。それはＷ２０１、つまり１９０Ｅ。Ｗ２０１は、Ｗ１２４と同じ世代のメカ構成でして、味わいも共通します。しかも、ずっとシャシーがちゃんとしてる。言ってみればＷ１２４は、Ｗ２０１の拡大コピー版です。拡大したら重くなってしまって走りが色褪せたんでしょうね。そこいくとＷ２０１は軽い。ストラット＋マルチリンクの例のアシの能力が存分に堪能できます。評論風に言うと操縦性の自由度が高く、ベンツ独特のどってり安定したあの世界を、操りかたによってははみ出させることができる。軽いから、そういう美点も生まれてる。

ただしですね、エンジンは１９０Ｅの直４だと辛い。パワーはともかく、あまりに古臭い。重量配分面でのネガに目を瞑って直６搭載モデルという選択も、だからアリとします。また、これは走行10万km以下のタマが全滅に近いでしょうが、2.3－16もしくは2.5－16ならベストです。エンジンの質感もずっと高く、重量配分的にも直４だからＯＫですし。行くなら大規模レストア覚悟でしょうが。

それからＷ２０１でもうひとつ辛いのは内装の見た目。なんせあれは現役時代に同時代の日本車に比べても見劣りしましたから。機械にカネかけて、そこは目を瞑ったんでしょうね。なにせ安っぽい。それが20年落ちで古臭くなってる。「毎日あれを見てると正直言って気が滅入る」と190Eに乗ってた中古車好きの同業者も申しておりました。

そこへいくとW124は、実に毅然としていて美しいです。とりわけダッシュの立体造形なんか、夜に街明かりで照らされたりすると惚れ惚れしますね。センターコンソールの空調操作系なども〈ドイツの高級〉を象徴するような気品に満ちてます。今見てもすばらしい眺めです。

なので、嶋田さんがあまり走りに重きを置かない場合に限ってW124。でも、そうでないなら、やはりW201をお薦めします。程度のいいタマの残存率からすると、190E基準車になるのかなあ。

「大家族の理由」

デビューから半世紀後も依然として現役を張っているポルシェ911。そのカタログを見ると、2種類のカレラにカブリオレにタルガときて、それぞれRRと4WDがあって、さらにはターボだとかGT3とかRSとか。あまりの大家族ぷりに呆れる人もおります。

ポルシェは何のためにあんなに多種の911をラインナップしているのでしょうか？　理解不能です。

【東京都杉並区　高岡さん】

ありゃあ要するに商売の仕方って話なんだと思います。別の言いかたをすると、お客との関係ゆえにああいう形になってるんだと。

９１１が今日に至る増殖を加速させていったのは１９８０年代に入ってからだったと思いますが、そのころのポルシェって、９１１が主力で９２８とか９４４とかのＦＲ勢は販売的には細々の状態でした。

思えば９２８も4気筒ＦＲ系も、なかなか凄いＧＴでした。Ｒ32ＧＴ－Ｒが９４４ターボをベンチマークにしたのは有名な話ですね。ＦＲ勢は、それが登場したばかりの70年代後半から80年代前半にかけては「新時代のすばらしいポルシェ」であり「空冷ＲＲの９１１なんてもう古臭くてダメじゃん」な雰囲気だったんです。今ならネット上で「オワコン」かなんか言われてたでしょうなあ。

ところが少し時が経ってみるとＦＲ勢は、走りの実力は別として、商品イメージが陳腐化していった。逆に９１１は意外にも需要が底堅く、商品性の上で強靭な生命力を持っていることが分かってきた。世の中は「ポルシェはやっぱ９１１じゃないとね」ってなった。エピよりもタイガよりもヴェルニよりもルイ・ヴィトンはやっぱりモノグラムだよね現象と同じ。

なのに、ポルシェはもっと数を売りたかった。あのころポルシェの生産設備は採算分岐点が年間3万台とかいう自動車会社としては中途半端な規模でした。これって大量生産によるコスト効率のメリットも存分には引き出せない規模ですし、といってコツコツ作って高く売るような商売のスケールでもない。もっと生産台数を増やして楽に商売がしたい。しかし売れるのは911ばかり。となると結論はこうなるわけです。911にバリエーションを増やして、そこで拡販するっきゃねえと。

加えて911には独特の事情があった。なにせRRで、基本的に重量配分がヤバい。にもかかわらず、世間もファンも「911は最高のスポーツカー」じゃないと許してくれないし、自分たちでもその誇りがある。だから、どんどん馬力を積んで性能を上げる。そうすると、ケツの重さゆえのヤバさはさらに増幅する。アシやボディの技術でそれを乗り越えようとしても、やっぱり限界はあります。結果として、性能レベル徹底重視なのか、まず安定を確保するのか、など色々な選択肢が作るほうの事情からも出てきたわけです。

売る対象に関する変化もあった。数をたくさん売るなら色々なお客のことを考えなきゃいけなくなる。想定する運転にも幅が出てくる。911ってのは、確かにケツは重いですが、ちゃんと運転すればちゃんと走ってくれて、信頼できる仕立てになってます。でも、ちゃんと運転する人だけじゃなくなる。また、ブランド物として買って乗るんだから、性能よりも乗り心地や居住性のほうを上げろって人も出てくる。それに、走らせる環境にもバリエーションが増えてくる。ドライ路面ばっか選んで走るようなスポーツカー的な使いかただけじゃなく、豪雨や雪道でもどこでも毎日でも走ろうって人が出てくる。

まあ普通のメーカーならば、こういう多種多様な要求に応えるために、モデルを増やすわけです。ストイックなスポーツカーからGTからスポーティ風セダンからオッサン向けサルーンとか。ところがポルシェの場合は911じゃないと売れない。そこで911のまま、辛口から甘口までバリエーションを幅広く用意することにしたわけです。2WDに加えて4WDも配備した。NAとターボ。3ペダルと2ペダル。クーペとオープン。これの順列組み合わせで多大なバリエーションを仕立てた。つうか、仕立てられちゃうところが凄いんですけどね実力が。

これって言ってみれば「プラットフォームを共用して車種を増やす」っていう世界中のメー

カーがやってることと本質的には同じです。例えば、トヨタはマジェスタのＦＲプラットフォームを使って、下はマークＸからＩＳ、ＧＳ、ロイヤル系クラウンなど、色んな性格のセダンを作ってます。それとまぁ同じこと。違うのは、他のメーカーだと性格を作り分けてる以上カッコもなるだけ違って見えるようにしてるのに対して、ポルシェは性格は作り分けてるけどカッコは皆同じ９１１に見えるようにしてるってことだけ。ちなみに、現代ではプラットフォームのハイブリッドなんて言って、前と後ろで別のプラットフォームをニコイチ合体させちゃったりしてますが、９１１とボクスター／ケイマンの関係はこれに近いです。

まあ、こういう風に９１１に頼りっきりだと、それがコケたとき会社がヤバいんで、ポルシェは９１１とは別のモデルを生もうと昔から頑張ってきたわけで、その意味ではカイエンが立派にひとり立ちしてくれて万々歳。んで続いてパナメーラ投入で、さらに丈夫な体質の会社に……と思ったところで発表直前にリーマンが飛んじゃって、買おうと思ってたＶＷに逆に買われちゃった。あのころは何か呪われてるんじゃねえかこの会社は、とか思ったもんです。

ですがリーマン・ショックが喉元過ぎてみればポルシェの売り上げはＶ字回復。アウディからQ5を養子に貰ってきて仕立てたマカンをカイエンの弟分として戦列に加えてSUVレンジは大成功。ただし、その結果として911は全体の販売数で見ると15％くらいになっちゃいました。その911はPSMなる個別ブレーキによる挙動安定システムをかなり浅いところから利かせるようになったなあと思ってたら、991系ではいつの間にか後輪操舵まで仕込んで、乗ってるほうがわけ分からないうちに勝手にとっ散らからないで走るフシギなクルマに変貌していった。ドライビング時の一体感すら手放しても何が何でも911を売り続けたいということなんでしょうな。911は例え販売比率がヒトケタ％に落ちても、会社の看板であり一種のアイコンであるのだから、なくすことはできないのでしょうね。技術者たちからすると今や本音ではリアエンジンなんか作りたくねえんじゃないかとおれは疑ってます。

だったら、分厚くなっちまったフロントにフラットシックス載せてFRにしちゃえばいいのにとすら思いますぜ。カレラ系はフロントエンジンにして、GT3とかGT3 RSだけ特別にRRで残すとか。どうせワイドバリエーションにするなら、ここまでやってしまえばいいのに。そんなことすら夢想したりもするのです。

「ミニの今昔物語」

20世紀の半ばに生まれて小型実用車の革命となったBMCミニ。その40年後にBMWによって蘇った新ミニ。BMWミニは今や3世代を数えるようになって、日本でも立派な勢力になりました。でも両方とも好きって人は意外に少ない。なぜなのか。

私はミニが好きで、昔のミニもいいと思いますし、BMWの血の入ったミニはもっと好きです。私の思いすごしかもしれませんが、昔のミニが好きな人は新しいミニの人たちとあまり馴染まないような気がします。ふたつのグループに分かれてしまうのはなぜでしょうか？

【東京都足立区　末次さん】

ＢＭＣミニとＢＭＷミニ。どちらが好きかと問われれば、おれは断然オリジナルのＢＭＣミニです。

ただしその選択は、今この時点でどちらを選ぶかという、ある種の評論としての結論ではなく、個人的なクルマとの触れ合いの記憶がかなり影響してます。

免許取った18のガキのころから、あちこちで見かけたミニ。ダチの彼女が成人式の晴れ着の代わりに買ってもらったＡＴのミニ。さしもの長寿が尽きかけた１９９０年代後半に、なぜか毎年のように仕事で乗ることになったローバー時代のミニ。そんな極私的な思いを含めてのＢＭＣミニなんです。自動車史上の革命を起こした名車であると同時に、自分史上の名車。

てなこととは別に、１９５９年に生まれたオリジナルＢＭＣミニと、21世紀に登場したＢＭＷミニは、全然違うクルマだとおれは思っています。

ＢＭＷミニは、文学用語や芸術用語で言えば、擬古典主義ですね。

擬古典主義とは、過去の古典的な芸術を規範にしようとした文学や芸術における態度のこと。小説では、例えば幸田露伴の『五重塔』が有名です。露伴は明治の人ですが、使う文体はもっと古い時代の漢文に基軸を置く文語調。内容は、心理描写に場面展開がドラマティックに絡んで読む者を引きずり込む傑作なのですが、これを露伴は古典的な文体で書いたのでした。

ちなみに、文体は英語でstyle。つまりスタイリングに関して、古典を踏襲したわけで、まさにミニですね。

映画で言ったほうが分かりやすいかもしれません。映画業界の用語ならリメイクです。映画で言うリメイクは、同じ原作や脚本を、後の時代に撮り直すこと。クルマがらみなら、マックイーン主演でフェラーリ275GTBが出てくる1968年の『華麗なる賭け』が、1999年にピアース・ブロスナンを主演にした『トーマス・クラウン・アフェアー』として再映画化されました。出てくるクルマはシェルビー・マスタングでしたっけね。おっといけねえ忘れてた。まさにそのもののミニが主演の映画『ミニミニ大作戦』も、同じ題名で2003年にリメイクされましたね。もちろんリメイク版の主演はBMWミニ。

という風に映画とかで考えれば分かりますよね。オリジナルの作品とリメイク作品は、あくまで別物で、どっちがいいという議論はナンセンス。九重佑三子の『コメットさん』と大場久美子の『コメットさん』を比べたってしょうがねえという話です。おっと、文面から若そうな感じがする末次さんには、九重佑三子はもちろん大場久美子も何だかさっぱり分からないかな。

話をクルマのほうに引き戻しますと、オリジナルＢＭＣとＢＭＷミニには不作為と作為という本質的な違いがあります。

一番分かりやすいのがエクステリアです。オリジナルＢＭＣミニの、あの可愛い外観は、所謂スタイリングデザイナーが腕を振るって創作した造形とはちょっと違う。初代レンジローバーなんかと同じで、技術が要求するものをカタチにしていったら必然的にああなったものなんです。

その技術とは、例の横置き2階建てパワートレインや、ＦＷＤや魔法のようなパッケージレイアウトやゴムばね懸架サスのことなわけですが、そういう設計要件と並んで、車体の生産技術も含まれます。低コストの小型車だったミニは、鋼板をプレスして溶接で繋げて車体を構築するにあたって、カネのかかる方法は採れなかった。また当時のＢＭＣは、鋼板プレスや車体製造に、そんなに進んだワザを持っていなかった。その結果、ミニの車体パネルは、物理的に鋼板を曲げやすいカタチにならざるを得なかったんです。だから、我々が昔から知っている「鉄っぽい」カタチになりました。鋼板どうしの繋ぎ目も、溶接のときに必要なフチの部分を耳にして露出させたり、2枚のフチを丸め込んで処理したり、ブリキの玩具なんかで我々が馴染んだ「素朴な鉄のハコ」になった。郷愁と愛らしさが横溢するオリジナル・ミニのあの感じは、意図して作られたものではなく、生産技術の限界が自然に成り立たせてしまったものなんですね。

かたやBMWミニは違います。初代BMWミニの担当デザイナーだったフランク・ステフェンソンは、あのオリジナルの造形のポイントとなる部分はそのままにして、デザインの口調や波長やリズム感のようなものを現代的なそれに置き換えるために、様々なテクニックを駆使しています。つまり、不作為ではなく、明らかに作為。ただ、その作為がすばらしく上手だったから、BMWミニは「誰が見てもミニに見えるニューモデル」として世界に受け入れられたのですね。

そうなんです。郷愁漂う不作為のオリジナルか、それとも高度なテクニックを駆使した作為の傑作か。BMCミニとBMWミニには、そんな風な本質的な差があるわけです。

その両方を、両方とも好きだと思えてしまう末次さんは、ものの見方や価値観や嗜好性を幾つかお持ちの複眼的な人なのでしょう。でも、世の中の多くはそうじゃない。ひとつの視点や好悪の感情に自分で自分を固定してしまう。心の琴線に触れるのはどちらかだけだったりする。だから世はオリジナルＢＭＣミニ派と、リメイクＢＭＷミニ派に分かれているんでしょうね。

「イスが大事とはいうものの」

数え切れないほどの種類がアフターマーケットで売られているバケットシート。専門店やオークションには中古も色々あって安い。そんなバケットを入れれば愛車のルックスも走りも一気にグレードアップしそうです。

国産のスポーツモデルに乗っています。概ね気に入ってるんですが、ホールドの足りないシートに不安を感じています。中古美品のレカロSR－3を見つけたので交換を考えていますが、問題は助手席。左右揃いのほうが断然カッコイイし、軽量化にもなるのですが、「いざというとき」レバー一発で倒れないダイヤル式っていうのは不便そうで迷っています。シートにうるさい慎ちゃんのご意見を。

【兵庫県神戸市 佐々木さん】

いきなりナンですが「いざというとき」とは、どういう「いざ」なのか（笑）。

古いフィアット124スパイダーで、土手に乗り上げて横転事故起こした人が昔おりまして、この人、クルマが逆さになった瞬間に「あー駄目だ」と覚悟を決めたんだそうです。ところが、そのときバキィと音がしてシートバックが後ろに倒れた。ヒンジが腐ってて、クラッシュの衝撃に耐えられずにリクラインのロックが壊れたんです。で、彼は後ろに寝そべった状態でクルマがゴロン。クルマがボロかったおかげで助かっちまったんです。そういう「いざ」なのか……んなわきゃないですね。

そういえば、佐々木さんと同じと思われる「いざ」の想定をしているクルマがありました。T160系セリカです。流面形で宣伝してた初代FFセリカ。

このクルマ、リクライン調整に国産ではまだ異例だったダイヤル式を敢然と採用してまして、おれたち拍手喝采だったのですが、ご丁寧なことに、ダイヤルの他にレバーも付いていて、一発でバックレストが倒せるようになっていた。そのST160系のGT－FOURを買ったダチのマー君は「原田知世ちゃんに『私をスキーに連れてって』と言われても大丈夫だぜ」と寝言を言ってました。セリカに乗るのは姉ちゃんの貴和子のほうだって。あーオッサンしか分からない話ですいません。しかし、トヨタという会社はオソロシイと思いましたねあのとき。そこまでしてスポーティカーとデートカーという商品性を両立させようとするのかと。

与太飛ばしてないで本題にいきましょう。

バケットシートを入れると、大概の場合、走りのレベルが上がります。クルマの運転で、まず大事なのは身体をしっかり保つこと。身体が動いてちゃ正確な操作はできませんから。クルマ自身の性能を云々する前に、それをきちんと引き出すためには正確な操作が必要です。これが歴戦の勇者であれば、おっさんセダンの安楽シートでも、きちんと身体を然るべき姿勢に保つことができるでしょう。しかし、そんな訓練をしてない大多数の人にとって、座るだけで身体をがっちり確保してくれるバケットシートはありがたい助っ人なのです。それまで、如何に身体が動いていたか、そしてそんな身体の揺れを抑え込むために如何に余計な力を入れてたか分かります。そういうのが消えただけで、運転操作は正しくなり、クルマの動きも引き締まるでしょう。

なんですが、バケットでも中古ってのはどーかと思いますよ。バケットって身体のホールドがいいけれど、それと同時に汗だの何だのの分泌物のホールドも抜群なのです。なにしろ身体の後ろ半分を包み込むような恰好をしてるから蒸れやすい。それに、だいたいバケットって、走り方面に燃えた人が買いますよね。で、マジに走ると汗かく。その汗や体臭が積もり積もって染みついていると思ってください。で佐々木さんがそのSR－3に座る。マジ走りする。熱くなる。すると立ち上る前オーナーが分泌したと思しき香り……。もしギョーザや焼肉好きの人だったりしたら。あー文字に書いてたら気分悪くなってきた。

中古バケットには、そういうホラーな可能性がかなりの確率でついて回ります。だから、おれは絶対嫌です。つうか普通嫌ですよね。買うんなら新品をお勧めします。

んで、新品だとしても、左右2脚セットか1脚かという問題が、やはり発生するわけです。

あのですね、助手席がバケットになっちゃうと「いざ」どころか普通のときも大変です。乗り降りがいちいち辛い。いったん収まっちゃえば、いくら飛ばされても身体はかえって楽なので、意外に問題は出ないのですが、でも乗り降りのたびにケツや背骨をフチにゴリッとやることになる。「いざ」になる前に、ターゲットに逃げ出されること受け合いです。

でも「助手席ノーマルだと見た目がねえ」と仰る。なのであれば、バケットの表皮を張り替えるって手があります。助手席の表皮と同じような生地を探してもらって、それに張り替える。そうすると意外にぱっと見では分からんもんです。ダチの吉ッさんがF40用の真っ赤なOMPのバケットをどこからともなくゲットして運転席に入れたときに、この手を使ってました。標準シートに似た黒革への張り替えで10万円しなかったって言ってたかな。ヘタするとSR－3を2脚買うより高くつくかもしれませんが、佐々木さんの煩悩を全て充たすにはこれが唯一の方法かと。

「革シートは高級か」

本革シートは布シートよりも高くなる。布ジャンよりも革ジャンのほうが高いのだから、そりゃ当たり前でしょと世間は思ってるはず。でも、大昔は革シートは高級ではなかったのです。じゃあシートの高級とは何なのか。

自動車の歴史では革よりも布のほうが高級だったはずです。なぜ世間は革シートを高級扱いするのでしょうか。

【山口県宇部市 島村さん】

おお。よくご存知ですね。馬車の時代から自動車の黎明期にかけては、仰るとおりで、シートは布がエラかったのだそうです。一方で革張りは、まずはヘビーデューティの視点で使われていた。なので往時には、御者や運転手の座るシートは革で、ダンナさまの座る後席シートは布という使い分けパターンが存在したのだとか。ダンナ様の席は絹織物で、でもそれだとすぐ劣化するんで、すぐに張り替えるのである、とかいう話も、物の本で読んだことがあります。また、革シートを好んで注文する米国市場に対して、欧州の人が「要するに奴らはカウボーイなんだな。座る椅子も革が好きなのさ」と冷笑したなんて話もあったんだとか。

島村さんは16歳なのだそうですが、そんなことをご存知なのが凄いです。おれが10代んときは、んなこと知りもしなかった。つうか、まだ日本車の多くはビニール張りで、布張りは十分高級だったんですけどね。いやー、まだクーラーが贅沢装備だったあのころ、椅子がビニールだと、夏は汗かいてアセモが背中じゅうに増殖したもんです。

さて、本題の革と布のどっちが高級かという問題です。確かに、歴史的な推移を眺めると、革は決して「高級」な内装材ではない。それは服飾の世界を見ても同じです。アチラでフォーマルとされる支度をする場合、基本的に革は下品でダメとされるのだそうです。タキシードや燕尾服にはオペラパンプスっていう靴を履くのが正式なルールですが、この靴は黒のエナメル製。靴ですら、もろに革ってのはNGで、表をエナメルで仕上げて被うんでしょうね。

という具合に、西洋にはそういうルールやお作法やプロトコルが間違いなくあります。自動車ってブツは西洋生まれで、自動車における社会的な決まりごともそれに準じていて、だから「革シートは高級ではない」という観念が成立すると。

なんですけどね、それを十分承知の上で、実利の上で革は高級と無縁ではないと思うんです。言い換えれば、高級とか上品と言われる使いかたに、革シートは合っている。

つうのはですね、シート表皮が革だと、滑らかにスルスル滑るので、服が傷まないんですね。ジーンズとかだと生地が強いから、傷むのはシート表皮のほうだったりするんですが、これがシルクやウールとかの上品で繊細な素材だと、シート表皮の問題は重要になってくる。ファブリックやモケットだと滑らず、擦れて皺になって、そういう「高級な」服が傷んじゃう。

いやー忘れもしません。昔バブルのころに浮かれ世情に流されて、よしゃあいいのにジョルジオ・アルマーニでスーツを買ったことがあるんです。30万とかしやがったので、もちろんローンです。ところが、これがあっという間に減っていく。新品のときの生地は恐ろしくたおやかで着心地は夢のようだったんですが、着るたびにそれが失われていき、クリーニングの一発目で3割がた終わって、二発目で5割終わった。30万が見る見るうちに減っていくわけです。そのうちケツんとこが毛羽立った。今ならしたり顔で「高級素材たあ、そんなもんだ」とか言うんでしょうが、あのころは修行が足りなかったんで、夜に枕を涙で濡らしたもんです。そういう服だと、擦れるシワになる布シートは敵以外の何者でもありません。高級上品な服着て、高級上品ごっこするにゃあ、革シートってありがたいんです。「あっという間に失われるはかない繊細さこそがゼイタクで高級なのだ」ってな、高踏的な考えかたもありますが、それはそれとして。

物事の故事来歴やウンチク約束事は知っておいて損はないし、可能であれば尊重すべきだとは思います。でも、実用面で考えるとそれと正反対のこともある。言ってみれば「高級」だの「上品」ってのは観念上のものです。であればそこに「結果的に高級な世界に繋がるかどうか」って観念があってもいい。だからおれは、革シートが高級って考えがあっても、全然いいし、間違ってないと思います。

「鍛造ブロックという究極」

鍛造という技術用語があります。鍛えて造る。なんか凄い。絶対これ鋳造よりエライ。自動車メディアにはエンジン内部パーツからホイールまで鍛造という言葉が躍って高性能を自慢してます。なのに鍛造と自慢されることがない大物部品もあります。

クランクシャフトやピストンには、鋳造ではなく鍛造で作っているものがありますが、エンジンブロックやヘッドでは聞きません。究極を目指すにはその手があると思うのですが。

【埼玉県朝霞市 西島さん】

西島さんは14歳の中学生なんですね。前のお題に引き続き、学生さんのご質問。夏休みだと増えるんでしょうか。宿題ちゃんとやってますか？　お盆過ぎてからやっと手を付け出すのがお約束だったおれは、オッサンになった今も同じで、締め切りに指定された日の夜にやおら取っかかるてな体たらくが通例化。おかげで満足に寝る余裕もなくなって、ヘロヘロになりながらこれ書いてます。こういう人間になっちゃいけませんぜ。

それはともかく鍛造ブロック、鍛造ヘッド。なんともカッコいい響きですが、自動車の世界じゃ聞きません。でもですね、昔はあったんです。ただしレシプロ時代の飛行機用です。そこでは普通に鍛造がエンジン本体に使われていたんです。

例えばフランスのレオン・ルヴァヴァスールさんが1903年に設計したアントワネット社のV8がそう。アントワネットは20世紀初めにフランスで最高級の航空エンジンの造り手として名高かったところ。そして、こいつはエンジン史上初とされるV8です。んで、このV8はクランクケース部分とシリンダーバレル部分が別体の設計で、そのシリンダーバレルのほうとヘッドが鍛造鋼製でした。といっても、パカスカ大量生産するわけでもなく、鍛造で一気に成型までしちゃうような技術も未発達でしたから、鍛造材の塊から削り出しです。

ついでに言うと、このV8って気筒内直噴なのです。20世紀の末に素敵な新技術と騒がれて今や半ばレシプロエンジンの常識となってる直噴ですが、そんな昔から存在するんです。自動車エンジンの基本技術はとっくの昔に出切ってて、あとはそれを電子制御する方法が生まれて、解析ノウハウと生産技術が上がっただけだとも言えるんですねえ。ちなみにライト兄弟の初飛行のときのエンジンも直噴。この時代はキャブレターの性能も信頼性も原始的だったので、エンストすると墜落しちゃう飛行機のエンジンには、強制的にガソリンの霧を送り込む直噴てのが定石だったたみたいなんです。

それから空冷の星型だとクランクケースは、結構な割合で鍛造です。星型てのは、クランクケースを中心にして、その周りに花びらみたいに四方八方にシリンダーが捩じ込まれて取り付くレイアウト。あ余計なことですが星型に突き出す気筒は点火順番の関係でほぼ例外なく奇数になりますから四方とか八方とかじゃなくて、正しくは七方九方とかですが。それはともかく、だからクランクケースの剛さは重要で、だから鍛造品を使ったんです。

そうそう。中島飛行機の星型エンジンは英国ブリストルの星型空冷9気筒ジュピターを手本にするところから始まってます。大排気量の空冷星型で大馬力を目指すというトレンドが1920年代に持ち上がりますが、その代表作だったのがこのジュピターです。ヘッドは鍛造鋼製で、クランクケースも鍛造鋼製。しかも後にジュラルミンの鍛造品まで使ってたんだそうです。中島は、そのジュピターのライセンス生産から空冷星型エンジンづくりに乗り出し、それを自分で改良したのが『寿』。ジュピターの改造だから『ジュ』→『寿』とはオヤジギャクも真っ青ですな。そして、そこから零戦にも用いられた『栄』空冷星型14気筒が生まれるのですが、ここまではクランクケースはアルミ鋳造品でした。しかし、その『栄』のシリンダー設計を流用して星型18気筒とした『誉』はクランクケースをクロモリ鋼の鍛造薄肉ものに換えて軽量高剛性化を図ってました。

中島ついでに、もうちょっと。彼らは水冷エンジンへの挑戦もしていました。初めは仏ロレーヌ社からライセンスを買っていたのですが、そのうちに自力でなんとW型18気筒なんていう化け物を試作。このころの水冷エンジンは、先ほどのルヴァァスールV8と同じようにクランクケースへそれぞれの気筒を捩じ込む形態が多かったのですが、たくさんの気筒が捩じ込まれて孔だらけになるクランクケースは丈夫にするために、気筒数が多いほど鍛造ビレットからの削り出しが用いられました。しかし、当時の日本ではW18用の長ーい鍛造ビレットは作れず、イギリスから買ってました。

という風に、戦前のレシプロエンジンには珍しくなかった鍛造材ですが、現代の自動車には量産する上でもコストの面でも、まずあり得ないでしょう。例外は、そのへんの心配がないブガッティのW型16気筒。これのブロックはアルミ合金の鍛造ビレットからNCマシンで削り出してるみたいです。1000psオーバーを出力するためブロック剛性が要るという理由もあるのでしょうが、何千機も作らないエンジンですから、わざわざ設計が難しい上に高い金型を用意して鋳造するよりも鍛造したほうが安くつくって勘定もあったのかもしれません。

あそうだ。鍛造といえば、自動車のモノコックは鍛造なんですよ。モノコック(正確にはセミモノコック)は冷間圧延鋼板から作ります。ドロドロに溶かした鋼を枠に流し込みながら冷やし、そうしてできた熱い鋼材を上下のローラーで挟んで薄板にするんです。この段階で圧力が加わってるから鋳造じゃなくて鍛造。しかも、自動車メーカーに納入された冷間圧延鋼板は、それぞれ金型でプレスされて必要な部材になります。ここでも圧力を加えて成型しているから鍛造。軽自動車から超高級車まで、「うちクルマのボディは鍛造なんだぜ！」と言っちゃっていいのです。

「それどころじゃないほどカネがない」

何をするにしても多少なりともお金はかかるもの。クルマは頑張って買えたけれど、そのクルマを動かすにゃガソリン代が要る。遠出すれば高速代だって。家庭内経産省から緊縮財政の命令でも出ようものなら、真っ先にクルマ関連費がターゲットになったりします。

よく金がない話を書いてらっしゃいますが、自分ほどじゃないでしょう。今度、子供が生まれるので、その準備のために小遣い大削減命令が出て、クルマにかけられるお金は事実上ゼロなんです。ガソリン代も削る羽目になったので、遠くに走りに行くなどとんでもない。そういう状況でも何かクルマを楽しめる手はないでしょうか。無茶な話ですいませんがひとつ。

【岐阜県羽島市 山崎さん】

カネがねえ話なら任してください。このあいだ後輩が「借金だらけでカネないです」と言いながらエグザンティアの正規ディーラー整備とかしてやがったので、叱っときました。んなことできるヤツはカネがないうちに入らねえって。

まずですね、ほぼ費用ゼロで楽しいのは分解です。内装の内張りだの、とりあえず手近なところを外してみる。山崎さんがＤＩＹ系の人でなくとも「中がどうなってるのか」を見るのって楽しいはずです。小学生のときスカートめくりをした、あるいはしたかった。また中学に入ると、さらに次なる最終防衛布地の脱着に大いなるモチベーションが湧き上がった。そうじゃありませんか。であれば違うとは言わせません。どちらも「隠されていて見えない内部構造を知りたい」という、人間に備わった正当な知的好奇心ゆえの行動であります。

山崎さんも多少の工具は持ってますよね。ちょっとした内装の分解はそれで十分いけます。最近のクルマの内装を外す方法は、オーディオ方面でネット上にマニュアルやノウハウが流出しているケースも多いですし、ディーラーにお願いして訊く手もあります。ちなみにツメやピンで留まってるものは、抜く方向が確かなら、なまじ慎重におずおずとやるより、えいやっと思い切って一気にやったほうが、失敗が少ないというのが定説です。バンソウコウ剥がすのと一緒ですね。内装に飽きたらエンジンルームのカバー類とかに挑戦してみてください。

次なるお薦めはステアリングフィール遊びです。ステアフィールって、ステアリングリムの重さでかなり変わるんですね。正確にはリムの単純な質量じゃなく、回転慣性（イナーシャ）なのですが、これを変えると驚くほど操舵したときの感じって違ってくるんです。

どうやって変えるかというと、まず鉛の板を入手します。釣道具屋さんとかネットで手に入ります。鉛は軟らかくて切断も変形もしやすいので、これを適当なサイズに成形して、粘着テープやバンデージとかでステアリングに縛りつける。リムはまずいから、スポーク部の向かい合う2カ所ですね。握るのに邪魔にならない範囲で、なるだけ外側に貼ると効率がいいのは言うまでもないでしょう。

これってイナーシャを増やす方向だけで、減らせないので、往年のベンツみたいな重いリムに重い操舵力のクルマだと変化が出にくいですが、リムが軽くてアシストの強いクルマだと、かなり変わります。

おれは初代NA型ロードスターのときに、これで結構遊びました。NAロードスターはリムのイナーシャが軽めの設定で、操舵したときの感じが軽快というか軽々しいというかサッパリ味。NARDI標準装着車は特にそうです。そこで、部屋に転がってたイナーシャの大きいMOMOに換えてみたら、いきなり操舵感がしっとりして好ましい感じになった。高速直進の座りも良くなった。ただ当然ながら、切って戻してと忙しいときはイナーシャの大きさが裏目に出てモタつく感じになる。ケツ出してクルクル回って急いでカウンター当てるような走りかたには、純正のセッティングのほうがいいのでした。

てな遊びは、リム換えずとも鉛とテープでできるのですね。メーカーの自動車って、微細な作り込みで仕上げられていることが分かったりして、それも楽しい。

5000円くらい捻出できるんであれば、もっと面白いのがあります。

タイヤ空気圧ゲージを買ってください。空気圧ゲージは、本格的なヤツだと3万円とかしますが、携帯用ならしっかりしたブツが1万円以下で買えます。おれはサーキットのピットでもないのに大仰なのを振り回すのは嫌なので、ミシュランのライセンスでイタリアのヴィジル

（Vigil）って会社が作っていた小さくてアナログ指針式のものをずっと愛用しています。これ、煙草の箱の3分の2くらいの大きさの樹脂ケースに入っており、肝臓のような形で、手のひらに隠れるくらいのサイズですが、結構信頼できます。常に校正しているという修理工場のゲージとときたま照らし合わせてるんですが、ほとんど狂わないですね。精密なエアゲージは落としたりショックを与えちゃうとすぐ狂いますが、その点でも小さいと車内にしまえるので好都合です。

空気圧ゲージを入手したら、自分のクルマのタイヤ内圧を少しずつ変えてみてください。ガバッと変えるんじゃなく、0.1ｂａｒ刻みくらいでいいです。そのくらい増減させるだけで、乗り心地も操縦性もかなり変わるのが分かるでしょう。と聞くと、テストドライバー並みの繊細な感知力が要りそうな話に聞こえるでしょうけど、慣れ親しんだ自分のクルマだとばっちり分かるはずです。乗り心地で言えば、下げると路面当たりは優しくなる反面、タイヤに入った入力のダンピングが甘くなってドッテリ感が出て一長一短だとか、操安方面ではステア入れたとき初期の反応が明らかに違うとか色々と違いが出てくるはず。グリップ限界も、空気圧に実は最適値があって、それ以上でも以下でも限界がはっきり落ちるとか分かってくるでしょう。そういうアシまわり関連の感触がたった0.1bar刻みで空気圧を変えるだけでクルクル変わるのが分かって楽しいのです。とりわけハイトの低い高性能タイヤは空気圧によって激変します。0.05barとかでも驚くほど違ってきますぜ。

あ、ちなみに空気圧は温度によって変わることを忘れちゃいけません。この内圧遊びは温度を揃えてやらないとダメ。といってもレース屋さんみたいにタイヤ温度計までは要らないでしょう。手のひら計測で十分と思います。内側と外側の温度差でキャンバー角の設定を見直すあたりまで、おれは手でやってましたし。

そのあたりでひととおり楽しんだら、今度は前後のタイヤで内圧をいじる量を違えてみましょう。それによって、前輪優勢または後輪優勢のバランスを意図的に作ってみる。この遊びでは、峠なんかだともちろんですが、高速でもレーンチェンジの際とかのクルマの動きの違いを楽しめます。0.1barで、そのへんのインプレの言うアンダーとかオーバーとやらなんか、簡単にいじれることが分かるでしょう。なのに、貸し出される広報車って結構内圧がバラつい

ているこ と多いんだよなあ最近は。 あのまま乗って試乗記書いちゃマズいと思うんだけどなあ……。

それはともあれ、空気圧ゲージだけで、こういう風に数カ月は楽しめると思います。自分のに飽きたら、お友達のクルマでもやってみるとか。

HN-HU 827

「まずはそこから始めましょう」

誰だって初めは何も分からない。クルマとコミュニケーションをとりましょうと言われたって、何をどうしたらいいか分からない。相手が人間だって厄介なのに、クルマは機械だもの。そんな人にお教えする初めの一歩があるのです。

去年、免許を取ったばかりの19歳です。自分のクルマはまだなく、家族と共有のスイフト1.2に乗っている状態で、専門誌に書いてあるインプレッションのように色々なことを感じ取れません。エンジンはまあなんとか分かりますが、ハンドリングのことが難しい。どういう勉強や訓練をすればいいのでしょうか？

【岐阜県恵那市 小森さん】

おおスイフト1.2。あれは印象に残るクルマでした。気持ち良く回るエンジン。乗り心地は優しくて、操縦性は曲がりまくるって方向じゃないけど、破綻なくて。一からクルマの動きを学ぶには好適な素材だと思います。

さてと。クルマの操縦性を掴む。そのために、まずやってみて欲しいのは、タイヤと神経を通わせること。てな言いかたすると、えらい難しく聞こえるかもしれませんが、第一歩は単純なことから始まります。まずはタイヤの位置を掴むんです。

クルマには前後左右合わせて4つタイヤが付いてますが、運転していて、それがどこにあるか常に意識上で把握しておく練習をします。自宅の車庫でも、コンビニの駐車場でもいいですから、輪止めがあるところにクルマを停める。そのときに微速でアプローチしつつ、輪止めにタイヤが当たるタイミングを量るんです。輪止めに当たらない範囲で、どこまでタイヤを輪止めに接近できるか。その間隔をできるだけツメる。わざわざ降りて見ずとも、「ここだ」って思ったとこから、あらためて動けば間隔は判明します。こうして「どこにタイヤがあるのか」を感覚上で常に把握できてるように訓練するのです。最初はフロントからのほうが簡単ですね。前輪できるようになったら、今度はバックしながら後輪を。これで前後方向のタイヤの位置は掴めるようになりますよね。

そしたら今度は左右方向です。一番簡単なのは、車庫に縦に線を引いて、そこに寄せる方法。いちいちドア開けて上体折って見なきゃならないのが面倒ですけどね。あちなみに、縁石に寄せるなんてことをいきなりチャレンジすると、失敗したときにサイドウォールを傷つけちゃいますからダメです。板を置いてそれを踏むかどうかでやると、踏んだときに板がハネてクルマを傷つけかねないからこれもダメ。小石じゃあ踏んだのが分からない。駐車時じゃなく走りながらできる方法として、ちょっとリスキーですが車線の白線を使うってのもあります。路肩側の白線にザラザラ仕上げがしてあるところがありますよね。この上にタイヤがちょっとでも乗ると、ゴォーッと凄い騒音がします。騒音を出すことで車線はみ出しに注意を喚起してるわけですが、そうならないようにギリギリ近づいてみる。どこまで近づくとタイヤが白線に乗って騒音が出るか。それによってタイヤの左右方向の位置を掴むわけです。周りによく注意をして、危険がないようにやってくださいね。

そういえば昔、例の『警察24時』の類のTV番組で、新人の交通機動隊員が地面に置いたゾーキンをそれぞれのタイヤで踏むという訓練をやってました。4輪の位置を掴むために、ベテラン隊員にそうやってシゴかれてたんです。それ見て、ああやっぱりクルマのことを把握するには、まずタイヤの位置からってのは正しいメソッドなんだなと思いました。

こうしてタイヤの位置に意識を集める練習をすると、自然に神経が磨がれていって、タイヤの仕事ぶりの状況もいつの間にか掴めるようになってくるはずです。ハンドル切ってブロックがねじれていく感じ。ブレーキかけて前に荷重が乗って、前輪ブロックが縦に変形しながら路面に擦りつけられてる感じ。そういうのも自然に分かるようになっていくでしょう。そうしたら、次のステップ。別の質問で書きましたが、空気圧ゲージを買って、0.1bar刻みで空気圧を上げ下げして、その様子を観察する。乗り心地や踏ん張りがどう変化したか。このへんにステップアップできれば、もうハンドリング感知の世界はすぐそこです。

そこに至る第一歩は、やっぱりタイヤの位置の把握。こういうことは、クルマに限らずですが「分かろうとすれば絶対にいつか分かるようになる」ものだし、「分かろうとしないと一生分からない」のです。おれだって別に人より感覚が優れてるわけじゃありません。分かろうとしているうちに、いつの間にか分かるようになったクチなんです。小森さん、ぜひ頑張ってみてください。

When Ford built this $100,000 GT, they weren't about to scrimp on spark plugs. So they got Autolite plugs. Like you buy. About $1 each.
FORD
Last year, the Ford GT became the first American car ever to win the grueling 24-hour Le Mans race. (This year, another Ford GT did it again, to make it two in a row.) It's probably the finest racing car $100,000 can buy. The transmission alone cost $25,000. The engine cost as much as a small house.
And the spark plugs? About a dollar a throw. They're Autolite plugs. The same kind you buy.
What are $1 Autolite spark plugs doing in a $100,000 car? Simple. There are no better plugs. Not at any price.
Autolite spark plugs have a stronger, tougher insulator. To resist corrosion from dirt, gas and carbon deposits. Plus a special alloy electrode for long spark plug life. To top it off, molten glass is used to form a true hermetic seal. One that guarantees zero leakage.
Put this kind of spark plug in your kind of car. Whatever kind you drive.
Autolite...the only name you need to know for spark plugs, batteries, filters, shock absorbers and complete ignition systems.
Autolite Ford

「車検証の車重値の謎」

あらためて車検証を眺めるときって車検のときくらいかもしれません。眺めてみるとそこには車輛重量の欄があってクルマの重さが書いてある。それってどういう基準で測ってるのか疑問に思ったかたがおります。

気になった点がありまして質問をします。とっても気になるクルマ、フォード・フォーカスSTなんですが、欧州仕様と日本仕様で車重が100kg近く違うのに納得いきません。100kgは大きいですよねぇ。これだけ重くなると影響はあると思うのですが、そこのところ、どうなんでしょうか？

【愛知県豊田市　Sさん】

クルマは軽いほうがいいってのは誰でも知っている定理です。でも、衝突安全性を担保しなくちゃいけなくて、サイズも大きくなって、世界中のクルマがどんどん重くなっていく。それを押し留めるためにポルシェ911やベンツSクラスは車体をアルミ化した。おかげでフロアが剛性はありそうなのに感覚的にはべなべなとうごめく情けない状態に陥った。ND系ロードスターは初代NA系と同じ1tを目指して、そのせいか車体もアシもなんかヒヨワに。という風に、現代のクルマにおける大事な焦点のひとつが車重ですが、それはカタログにも書いてありますが、やっぱり車検証を見たほうがいい。前軸と後軸の配分も一緒に記されてるので、自分のクルマの重量バランスがどんな具合かが分かりますので。おれも試乗時には必ず車検証を見て車重と前後軸重をメモします。

で、その車検証の記載値は、当然ながら日本仕様のものです。そして、ほとんどの場合、欧州仕様のデータと日本仕様のデータには違いがあります。各種寸法などは微差ですが、車重に関してはかなりの違いがある。それはこちらの世界では常識なんです。なにしろ欧州本国ではクルマは、特に実用車の場合、贅沢系の装備品一切なしの、素のスッカラカンの状態で買えます。

だから当然軽い。メーカーとしちゃデータを発表するにあたっちゃ、できるだけ軽い状態で出したい。そこで、そういうスッカラカン仕様の数字を出す。一方で、インポーターが日本に導入するクルマは、大抵が上級グレードで、トリムもてんこ盛り状態になる。昔で言うフル装備ですね。だから、車重表記は重くなる。

なんですけど、今マナイタに上がってる2代目フォーカスSTのような特殊な高性能グレードは、あちらでもそれなりの装備をした状態がデフォルトの場合が多いんです。だから、あんまし日本仕様との差は出ないはずなんです。100kgも違うのかなあ。

すると担当編集氏がこんなことを言い出しました。オートカー日本版に掲載された英国編集部のフルテストで車重1317kgと書いてあったので、Sさんはそのことを仰ってるんじゃないかと。

いや、さすがに1.3t強ってことはないと思います。それ、油水ナシの乾燥重量なんじゃないでしょうか。その記事にはテスト時の実測値も書いてありました。1429kgって。

てえことで、あらためてフォーカスSTの彼我のデータを確認しますと——。日本仕様は、フォード・ジャパンによれば車輛重量1430kg。一方、フォード本社が発表した欧州仕様STのテクニカルデータでは、Basic Kerb＝1392kgとある。なんじゃBasicってのは。

そこで、JIS（日本規格協会）が発行した『自動車用語―自動車の寸法、質量、荷重及び性能』なる書類を引っ張り出して見てみる。ええと車輛重量は、JISで言う空車質量（旧呼称：空車重量）で、それに対する欧州での用語はcomplete vehicle kerb massとある。Basic kerbとは、そういう規格用語じゃあなくて、「素の状態での車重」という意味でフォードが書いたものなんでしょうね。

とここに至って、おれは猛然と本国データと日本仕様データの38kgの違いが気になってきちゃいました。やっぱり装備品の違いなのかな。

そこまで来るとおれ自身の力じゃあどうにもならないので、フォード・ジャパンに訊きに行きました。答えてくれたのは、プロダクト・マーケティング部の田代雄彦さんでした。

ええとまずフォーカスSTの日本仕様は、欧州仕様と装備など、どこか違うのかという点の確認から。

田代さんによれば、日本仕様のフォーカスSTは右ハンドルの英国仕様をベースにしていると。んでもって、英国でフォーカスSTは、基本のフォーマットが後席2人掛けになる。3人掛け仕様はオプション扱いなんだそうです。かたや日本仕様の定員は5人。だから後者なんですね。一方、オートカー英国編集部がフルテストしてたのは後席2人掛け仕様ですね。つっても、椅子の格好とヘッドレストとシートベルトくらいでしょうけど重量面で差が出てくるとすれば。

お次は装備品。日本仕様では存在するスペアタイヤが、英国ではナシで、パンク修理キットを代わりに積載。オーディオはどっちも標準で装着されていて、スピーカーの数が7つか8つかの違い。エアコンはレス仕様は存在せず、ただし日本ではフルオートエアコンだけど、英国ではマニュアルエアコンも選べるようになってる。他の項目も訊いていくと、日本での標準装備品で、英国だとオプション扱いになるのはHID式ヘッドライトとESPくらいのようです。重量がかさみそうなナビは英国も日本もなし。ちなみに、日本仕様がオプションリストの中で目一杯エラいタイヤ&ホイールを装着してるケースはよくあるのですが、フォーカスST

に限っては全く同じもの（それしかない）ですと。そんな具合に田代さんは分厚い書類を繰って、いちいち調べてくれました。

うーん、全部合わせても、データ値の差の38kgにゃあ達しそうもないですねえ。

てえことは計測規格が違うのか。前出の日本のＪＩＳ規格書類では、空車状態の定義に「乾燥状態に、冷却液、潤滑油、予備タイヤ、消化器、標準予備部品、車輪止め、携行工具などを加えたもの」とあり、ただし予備タイヤ以降に「これらのものは含まないこともある」との註釈が付与されています。一方ＩＳＯ規格では確か「含む」はず。そういう違いがあるんですかね、と田代さんに訊いてみました。

すると驚きの答えが。違うのは計測基準じゃあなくて、計測車そのものの種類なんであると。

フォーカスＳＴの場合、車輌重量を含めた日本仕様のデータは英国フォードに計測を任せていて、彼らが日本仕様の試験車としてピックアップしたクルマを測っているんだそうです。だから、装備品やオプションの類は同一のはずだが、ガソリン搭載量がどういう状態だったのかまでは精密に把握できていないんだとのこと。一方で、英国仕様のデータは、試験車ではなく、工場ラインから抜き出したクルマで採っているはずだと。たぶん38kgの違いは、そういうところで発生したんじゃないかと田代さんは言ってました。フォーカスSTは満タン55ℓ。ちょうどそのくらいの差になりますね。

いやあ、日本仕様の車重データって、ＪＩＳ規格とかＩＳＯ規格とかに則って、こちらで測っているのかと思ってました。違うんですね。不勉強でした。

ともあれ、フォーカスＳＴに関しては、英国仕様と日本仕様の重量差は、どうやら現実にはほとんどないと考えていいでしょう。どっちも満タン＆装備重量では1.4ｔ強ってことですね。

FIAT

「才能」

運転が上手い奴はレーサーになる。理数系の勉強が得意な奴はエンジニアになる。そのどっちにもなれなかった奴が自動車メディアの編集者になる。なんてことを言われてたもんでした。てことは誰でもなれるのか。それとも何かしらの才能が要るのか。

以前から拝見してます。私、今、食料品を扱う会社に勤めてますが、小さいころから自動車好きで、自動車関係の仕事に就きたいと思ってました。ですが理系の頭ではなく、文系大学を出たときはご存知の就職難で、やっと今の会社に就職。ですが、夢断ち切れず、自動車雑誌の仕事に転職しようと思ってます。ただ、そちら方面でこの先やっていける才能があるのかどうか、自分では分かりません。911のような高性能スポーツカーを飛ばしたり、そこで何かを発見したりインプレッションを書く才能はやはり必要ですよね。自分の中にあるのか、どうしたらそれが分かるのでしょうか。先代アコードに乗っていますが、はっきり言って今のところ運転に自信はありません。

【匿住所希望 Kさん】

ん、才能?……才能ですか。

あのですねKさん。おれ思うんですけど、才能なんてもんは、ニューヨーク・ヤンキースのクリーンナップ打つとか、シアトル・マリナーズで年間200本以上のヒットを毎年打つとか、22歳でF1ワールドチャンピオンになるとか、そういうレベルの話じゃないでしょうか。

そういう領域ではない我々大多数の人間には、才能なんてありゃしないんですぜ。24歳というKさんは、近ごろ世に蔓延する「君は世界にひとつだけの花」だとか、「人には何かしら才能がある」なんていう、甘ったるい話を信じてるのかもしれませんが、んなの嘘です大嘘まやかし。人間のほとんどはみんな凡才なんですよ。才能なんかありゃしねえ。でも七転八倒して必死になってなんとかやってる。地面這いずり回ってヘド吐きそうになりながら、なんとか目の前の仕事がこなせるようになって、メシ食ってる。それだけの話です。みんなそうだと思いますよ。才能だとかいうものが自分のどっかにあって、探したら出てくるとか考えてるんでしょう。違います。自分探しなんかしたって見つかりゃしねえ。自分てのは、自分で作るもんであって、作ってもいねえのに自分なんか探したって出てくるわきゃねえんですよ。

例えばオートカー編集部で一緒だった木原寛明さんは、許される状況だと腰が抜けるような速さで走っちゃう人ですが、その木原さんだって、聞けば免許取った18のときからずっと、何でそこまでってくらい走って走って嘘みてえに走り込んでる。夜にダチとメシ食って、おれなら「さあ寝んべ」って時間に、これから箱根走りに行くぜ！　そういう若いころを過ごしてきてる。んで言うわけです。「入門フォーミュラやってみて、ああ自分には無理だなと思った」って。そういうレベルに達すると、才能ってのは、あるなしが効いてくるんでしょうね。でもね、我々世界の人口75億のほとんどが住む領域で職業としてメシ食っていくにゃ、んなレベルはまあ要らんのですよ。

もしかすると、例えばクルマの運転だったら、免許取っていきなり速い人もいるかもしれない。でも、それって入り口のところで上手く事をこなせたってだけです。クルマの運転を職業としてずっと食っていくには、他の能力が要る。速さを絶えず磨いていくことも必要だし、自分の行く先の道程を描いていく計画性だって要るし、その業界の人たちの間でどういう位置を取るかって人間関係の構築力だってなきゃいけない。とりあえず上手にできることと、それで一生メシを食っていくことは別です。別に色んなことを積み上げていかなきゃならない。

おれは年をとってみて、人が「あいつは才能ある」だとか「天才だ」とか言ってるときは、相手を理解できない能力不足か、もしくは何らかの理由で理解したくないかの場合だってことに気づきました。つまり一種の逃避行動です。手前ぇでもそうだったです。そんなときについ、才能とか天才とか言いたくなる。それに気づいたので、なるだけ使わないようにすることにしたんです。

それと同時に、才能あるとか言われてる人が、実は七転八倒してそのへん転げ回って何かを積み上げる作業をしてるってことも気づきました。松井やイチローだって、そうやってるみたいじゃないですか。もしかすると、そういう泥臭い地味な訓練をすることを苦痛と感じないっていうのが「才能」の一要素として標準装備されてるのかもしれません。あ、おれの場合は怠け者かつ凡人中の凡人ですので、努力って作業は具合が悪くなるくらいの苦労としか感じず、毎回逃げ出す寸前で、失業↓青いビニールの中で寝起き↓凍死てなコースを思い浮かべて、なんとか、からくも踏みとどまる連続ですけどね。

そういうわけですから、才能とかなんとか言ってる時点で、転職なんぞやめてお給料くれてる今の会社にいたほうがいいと思います。それにだいたい首尾良くどっかの編集部に入れたって、ポルシェだのフェラーリだのなんぞ最初のうちは触るどころか、1万光年先の遥か彼方を通過するだけですぜ。5行の新型デビュー記事だって回ってこないかもしれません。おれがフェラーリってカタカナ5文字を原稿で書いたのは、この仕事3年目だったかな。嬉しかったなあ、あのときは。確か348だったなあ。

あ、そうそう。お願いですから間違ってもオートカーなんぞ受けないでください。他はいざ知らず、ここの編集部は、メカ解説キャプション1本書くのに理論書1冊読み、スペック表のエンジン馬力の数字ひとつ書くのに、本国と日本インポーターのリリース見て、馬力単位の修正係数かけて仕様差がないか確認してから書くとかそういうレベルでものが行われてるとこです。チンケな自己承認欲求だの自分探しとやらで来られたり、911乗ってフラッと来て原稿サラサラッと書いてスマートに才能でやるとか考えてるレベルだと、鼻も引っ掛けられず、3日で泣かされて出社拒否になること受け合いです。おれも、そういう担当編集者の発注で原稿書くのは御免蒙ります。それでは。

「若者がスポーツカーに惹かれない理由」

若い人たちがクルマを買わなくなった。それは、ひとつには収入が増えないからで、もうひとつはクルマという商品の優先順位が下がったからでしょう。それに加えて、ヘロヘロした草食系男子てのが増えたからだろうという声もあったりします。

若者のクルマ離れが言われて久しいこの頃ですが、どうもそれはクルマのほうでなく、若者のほうに原因があるように思えてなりません。草食系とか呼ばれている最近の若い男子は、女性に対する積極性とともに、自動車を走らせたときの快感に対しての本能的な反応も失ってしまっている、言ってみれば去勢されているに等しいんだと思います。彼らがスポーツカーに反応しないのもそのせいでしょう。沢村さんはどう思われますか。【埼玉県春日部市 小林さん】

草食系男子ですか。これって、かつての太陽族とか新人類とかと同じで、単なる「流行のレッテル」だと思って、あまりマジには考えてみたことがありませんでした。年寄りから見れば、いつの時代も違和感があってイライラする「最近の若者」に、珍奇な語感の名札を貼りつけて、年寄り層の違和感をどんどん焚きつけてアセらせて記事に注目をさせるってのは、昔からマスメディアのお約束の手ですからね。

つか、最近の若者を草食系とか言って糾弾してる団塊のジイサンたちって、彼ら自身がそう言われてたのを忘れてるみたいですな。髪を長くしてギター弾いて四畳半フォーク歌って、優しさがどうとか言ってたのは彼らですぜ。んで、上の焼け跡派や戦中派世代に「最近の若い者はヒヨワでダラシない」とか糾弾されてたじゃん。まさに草食そのもの。知らんぷりしても、おれは覚えてますぜ。

ちなみに『文化人類学入門』(祖父江孝男著・中公新書)なんて本を読むと、こんなことが書いてあります。

昔は、思春期になるまで、異性のことは厳しいタブーに縛られていて何も知らされず、それを思春期になってから突然知って、激しいショックを受ける。その両極端のプロセスが葛藤を呼んで、結果として若者は、所謂硬派（オンナを突っ張って拒否する）方向と、軟派（ロマンティック志向とかオンナ大好き）に二分されることになったと。

ところが今の日本では、タブーも緩くなって、幼稚園児くらいからもう、誰が好きとか、バレンタインのチョコとかやってる。そうなると葛藤なんぞは生まれるはずもなく、思春期以降に異性を激しく求めたり拒否したりしなくなり、のんびり淡々と融和的に付き合うようになって当然なのかもしれません。

さて、そういう最近の若者のオンナに対する傾向とやらと、彼らがクルマに、とりわけスポーツカーの類に激しい渇望を持たないことの原因は、全く別だとおれは考えています。

それは、クルマを走らせるってことに対するイメージの原点みたいなところにあるのではないでしょうか。

今50代後半以上の人たちの多くは、親が戦前生まれの所謂戦中派とか焼け跡派に当たるはずです。つまり太平洋戦争を知っている世代。１９６２年生まれのおれの場合も、親父は予科練に入って戦闘機乗りになりました。何でも、最後に特攻の指名を受けて、厚木基地から三沢基地に移動して数日後と決まった出撃を待っていたら、突然終戦になったと。ただし、これは母親からの又聞きで、本人は戦争のことは頑なに一切おれに喋らなかったのですが。一度だけ「紫電改はバルブ掃除がすぐ必要になる」とポツリと漏らしたことを覚えてますけど、それくらいだった。特攻に指名されて生き残ったことに、おれなぞには想像もつかない複雑に絡みあった思いがあったんでしょうね。そういや、同期の桜とかの軍歌は大嫌いでしたし、特攻帰りを売りにしてた鶴田浩二も嫌ってました。

と話が逸れましたが、おれがガキだった1960年代頃までの日本には、戦争時代の記憶がまだ十分にあちこちに生き残っていたんです。自動車会社でクルマを作っている人は戦時中に航空機づくりをしてた技術者や職工だったりする。そこまでなくとも社会の中枢にいたのは戦争を経験した世代だったわけですし、戦争のリアル体験は、ついこの前の過去として生々しかった。日本の高度成長がピークを描いたのは1970年の大阪万博だと言われますが、それって終戦から25年しか経ってない。今から25年前ってミスチルがチャートに君臨してた年頃。さほど昔って感じがしない。その程度の時間差でＥＸＰＯ'70が「撃ちてし止まん」だったんですぜ。

そんな時代に物心ついたガキにとって、憧れはやっぱり戦闘機乗りなわけです。戦争の悲惨な話は十分聞いているのに、やっぱり男の子としては戦闘機パイロットに憧れる。愛機に単身乗り込んで雄々しく飛び立ち、物理法則を無視するが如き機動で自在に空を駆け回って敵機の弾をかわし、狙い定めた相手を捉えて見事に撃墜する。それがヒーローであり、憧れのイメージでありました。おれよりも上の世代の人は余計にそうでしょう。

そうしたイメージが間違いなくスポーツカーに転写されてるんだと思うんです。大人になって戦闘機乗りにはなれなかったとき、その代替物として、機動性に特化した地上の戦闘機であるスポーツカーを好む。こういう構図だったのでしょう。そしてその究極のマシンとして単座のフォーミュラに憧れたりもする。そういや元フォーミュラ乗りだったダチの吉ッさんも、歳はおれよか少し下ですが、零戦開発物語や撃墜王として知られた坂井三郎さんの自伝をむさぼり読んでたんだそうです。

この「男の子の憧れ＝戦闘機乗り」の構図は、零戦や紫電改などレシプロ機の名作が遠い過去のものになって、ジェット戦闘機の時代に入っても、依然として残存していたように思います。F－14トムキャットが登場する『トップガン』なんて映画は80年代半ばでしたっけね。少なくとも、そのころまでは確かにあった気がします。

ところがその傍らで、憧れの対象となるイメージは時とともに少しずつ入れ替わっていた。戦士が乗り込んで操るマシンが、戦闘機から巨大ロボットに変わっていってたんです。

その嚆矢は1970年代前半のマジンガーZだと思いますが（おれも少年ジャンプで読んでましたっけ）、それが70年代終わりから80年代にかけて巻き起こった機動戦士ガンダムの大ヒットで完全に主流となり、90年代のエヴァンゲリオンへと続いていく。操る以上は以前と同じ「意のままに」が理想地点ですが、贅肉を極限までそぎ落とした戦闘機じゃなく、これでもかと武装した巨大ロボットですから、これはもうスポーツカーどころの話じゃない。頑強な巨体と、それを動かす強力な原動機で構成される重厚長大型マシンであって、それを内部に設けられたコクピットに座ってコマンドを出して操るイメージ。強引に解釈すれば、カイエンとかのスーパーSUVでしょうか。

そう考えると、90年頃を境にスポーツカーが過去の幻影となって若年層に売れなくなり、SUVがその代わりにヒットするようになったのも頷ける気がします。おれのこの妄論でいくと、次はカードを掲げたら忽然と出現するバトルマシンてことになりそうですが——スーパージェッターの流星号っていう古典例がありましたね——、現実にそれは無理ですわな。カードで現れるマシンという意味では、カーシェアリング式のレンタカーシステムがそれに近そうですが、出てくるマシンと仲間みたいな絆で結ばれてることがイメージ上での大事な核なので、これはダメだなあ——。

別の質問で書いたように、若者がクルマを買わないのは、「若者は常にビンボーである」という、昔から変わらないごく当たり前の事実ゆえだとおれは思ってますが、少なくともクルマを走らせることに付きまとうイメージに関しては、そんな風に像が変わってきてるように思うのです。たぶん、おれたちが抱くイメージと彼らのそれは、原点からして少し違うのです。こっちが正しくて彼らがダメっていう単純なことではないように思います。

「父がTTを買おうとしている」

年寄りの冷や水なんて言葉がありますが、結構な年齢になったのに、枯れる方向じゃなく、逆に派手な方向に突然変異する人がおります。きっと家族は唖然として止めに入る。このかたのお父さんの場合は赤いアウディTTだったそうで。

父親がクルマを買おうとしています。アウディTTです。一度こういうスポーツカー（？）に乗ってみたかったんだそうで、仕事を引退してセダンが要らなくなったのを機に買い換えたいんだと。それはいいんですが、色は赤がいいと言って聞きません。50過ぎの父にはいくら何でもと思い、止めようと思うのですが、いい説得の方法を教えてもらえないでしょうか。

【栃木県佐野市 Uさん】

いやいや。止めなくってもいいじゃないですか。真っ赤なTT。逆に薦めたっていいくらいです。

昔、おれの祖母がこう言ってました。年をとると、みんな地味で渋い色の着物を着るようになるけど、そうじゃなくて逆に派手なほうがいいんだと。年をとると、人間に溌剌さがなくなってシオレてくる。すると、何となく見た目が沈みがちになる。そこに地味な色の服を着たら、余計に沈んで見えて、場合によっては汚らしく見えてしまう。だから、人間が地味になったぶん、服は明るめのハッキリした色にしたほうがいいんだ、って。

これを聞いたときは、よく理解できなかったんですが、おれ自身がオッサンになって、実感として分かるようになってきました。例えば、アースカラーの地味な服とか、クタクタ感で着る古着とか、ブロークンジーンズみたいな汚し系のファッション。これって若い人が着るとサマになる。中身の人間の溌剌パワーと、いい対照になるんでしょうね。しかし、今のおれが着ると、地味に沈みすぎるどころか、下手すりゃ浮浪者じゃんか。そう思って以来、できるだけ明確な色で形キレイに見える服を着るようにしてます。特にカネがなくてシオれてるときとか、徹夜原稿続きでボロボロのときとかは。

だから、赤いTT、いいじゃないと思うんです。Uさんのお父上のお人柄は存じ上げませんが、年とって赤いクーペって全然悪くない。それに、赤は動物を心理的に興奮させる色だそうです。仕事を引退すると、人は元気がなくなりがちですが、その再活性剤にもなるのではないでしょうか。といっても、元気になりすぎて夜の街を徘徊するようになっては、ご家族としちゃ、ちと困るでしょうけど。

そういうわけで、赤いTTを阻止する弁舌弄すことはしません。ご希望に添えなくてすいません。

2011
KAISERLICHES PATENTAMT
PATENTSCHRIFT
№ 37435
55
Deutschland
125 JAHRE AUTOMOBIL

「少子化は正しい」

日本には乗用車だけでも8つのメーカーがあります。こんな狭い国に8社もあるのは、国策だったから。もちろん内需だけじゃ8社も生き延びられない。国内需要の倍以上の台数を作って世界に売りまくろうというのが戦後日本の方針だったのですが。

以前に、大量にモノを作って売りまくるというやり方を変えなかったことがいけないと書かれてましたが、大量に作って売れてたからこそ日本の経済が成り立っていたのでは？

【東京都江東区 匿名希望さん】

それは確かにそうなんです。今の日本のGDPを稼ぎ出すには、やたらと数を作ってガイコクに売りまくらないと勘定が絶対に合わない。なんですけどね。おれは、もっと根本的なことを考えちまうんです。GDPって総額ですよね。今の日本の人口1億2700万人が1年にやった経済活動によって生まれた付加価値を合計したもの。しかしですね、この1億2700万人て部分がおかしくねえかと思っちゃうんです。

過去を振り返ってみれば、日本の人口って鎌倉幕府のころはたったの700万人で、江戸時代でも1200万人から3000万人の間で、それが明治時代になって国策が富国強兵で産めよ増やせよとなって一気に急増し、太平洋戦争のときには7000万人を超える。そして高度成長期とともに1億を突破したわけです。

しかしですね、日本の国土面積は38万㎢しかありません。しかも山だらけなので、そのうち可住地に分類される平地の面積は31%ほどしかない。

これを日本と似たような国土を持つ先進国と比べてみましょう。イタリアは国土面積がやや狭い30万㎢ですが、そのうち可住地は70%近くもあり、にもかかわらず人口は6100万人を切ります。イギリスは24万㎢で、そのうち90％弱が可住地で、面積的には日本のそれの倍なのに、人口は6600万人です。それを考えると日本の人口は、今の半分かそれ以下が適正なんじゃないか。1億人以上もいるほうが異常なんじゃないか。おれはそんな風に思うんです。

考えてみれば、人口が半分になったら、色々な問題が解決します。人間の過密。土地の値段。CO_2問題。穀物で30％を切るとされる食料自給率も倍になる計算です。今やバス鉄道などのローカル線では、収支が成り立たなくなって廃線が増えていって、過疎地の公共交通が崩壊に向かっていると問題視されてますが、土地家屋が安くなるなら大多数が足の便のいい街の中心部に近いところに棲むようになるでしょう。という具合に、人口は今よりもずっと少ないほうが色々なことが上手くいって、日本人は幸せに暮らせるんじゃないかって気がするんです。

その一方で総人口が減ると、所謂国力というヤツも低下するという声が上がりそうです。でも、それって大事なことなんでしょうか。それなりの暮らしのレベルをキープするために、ひとりあたりのGDPは現在レベルを確保したいですが、これに1億2700万人を掛けた全体の総額は、我々個人レベルの話とは直接関係ないような気がします。もちろん「世界に冠たる経済大国」

とやらじゃあなくなるでしょうが、だから何? だって経済大国と言われて我々個人が良かったことってありますかね。誇りとかの話で言えば、トヨタが生産台数世界一になっても、おれは全然誇らしくない。CFRPボディで車重を1t以下に抑えたプリウスが世界の自動車メーカーを仰天させたりすれば、それは日本人として誇らしいでしょうけどね。つまり総額で勝負するんじゃなく、そういうように生み出すものの存在感と、それによる付加価値で勝負する国になりゃいい。

GDPが減ると、それに連動して減るのは税収総額で、税金を好き勝手に使って、挙句はドロボーしてやがる腐れ役人や天下り野郎は困るでしょうが、勝手に困ってろっての。それから、かつては国の人口はそのまま潜在的兵力に関係しましたが、兵器がハイテク化して全面戦争の白兵戦が昔語りとなってテロ対策に重点が移った今や、それもあまり意味のない話でしょう。

そういや今、少子化でヤバいとか言ってますね。でも、もし日本の人口が今の半分で正しくて、そこに至るプロセスとしての少子化であるならば別に問題じゃあない。総務省の調査によれば、日本の総人口は今がピークで、以降ダラ下がりに減っていき、予測では100年後には

5000万人を切る計算になるんだとか。そもそも日本の人口が増えたのは、明治から大正にかけて、陸戦で闘う兵員数を増やすことが国力とイコールだったから、国策として「産めよ増やせよ」に突っ走ったからでもあります。そういう特殊な時代が過ぎ去った21世紀、それ以前の人口に戻るとしたら、これは悲観することじゃなく、あるべき自然な数字になるって話なんじゃないか。

もちろん、そこに至るまでには、労働人口の比率がヤバくなったり、年金だの健康保険だのをはじめとする現行制度とのズレがどんどん拡大していったりして、国全体が血反吐を吐くような苦しみを味わうことになるのでしょう。現在の産業構造もキシミを上げて壊れていくだろうし、自動車メーカーのうち半分はなくなっても不思議じゃない。もちろん自動車メディアも……。いや、おれも遠くない将来に失業するかもしれません。そういう個人的なレベルでの難儀は個々に思いっきり降りかかるだろうし、それは非常に喜ばしくないですが、引いて眺めて大きな視点で語るならば、人口減少は正しい方向に向かっている。今という時代は、ごく当たり前なその100年後の姿に向けての移行期の入り口。そういうことなんだと思ってます。

「女はなぜクルマに名前をつけるのか」

男と女の間には深くて暗い溝がある。ポリティカルコレクトネスだとかが大声で言われる昨今ですが、やっぱりそこには違いがある。クルマだってそう。運転技術の話ではありません。名前の話です。

少し前の話題ですが、先日無事に帰還した小惑星探査機〝はやぶさ〟に関するニュースを見るにつけ、ものを擬人化するということについて考えさせられました。ものに対する愛着や思い入れを表現するために擬人化という方法を用いるのでしょうが、個人的にはどうもそれが受け入れられません。自分のクルマに愛称をつけ、あたかも恋人か友達であるかのように話す知り合いがいるのですが、「所詮、機械なのに」と冷めた目で見ている自分がいます。沢村さんはも

のを擬人化するということを如何お考えでしょうか？

【東京都三鷹市　菅野さん】

三鷹といえば、駅のそばにモスラの幼虫みてぇな巨大なギョーザを出す店があって、奥多摩とかに走りに行く途中にダチとよく食いに寄りました。腹一杯すぎてキモチ悪くて走れなくなったり。もう30年も前の話です。もうあの店はないんだろうなあ。

さて、おれ自身振り返ってみて自分のクルマに名前つけたことがあるかというと、う〜ん全然ないですね。家人はおれの不動328GTBを「白い王子さま」とか呼んでましたが。

自分のじゃなきゃ、ありますね。おれは試乗の日は、精神的平衡を保つためと自分に言い訳して、クルマ走らせてないとき同行者との雑談ではバカ話しかしないアホになってしまうのですが、そんときレガピー君とかテッつぁん（テスタロッサのことです）とか口走ったりしてます。う。字にするとアホが明白になって我ながらツラい。

てなわけで、クルマを愛することや、愛の証として名前をつけちゃったりすることをおれは否定するものではないのですが、擬人化するところまでいくと、そりゃ話は微妙かもなと思います。

というのは、菅野さんが仰るとおり、あくまでクルマは機械だからです。

人間と人間、もしくは人間と動物の場合、そこに生まれる愛は相互関係の上に成り立ちます。植物だって毎日声をかけて可愛がってやると生育がいいって聞いたことがあります。投げたら返ってくる感情とか心のキャッチボールであり、一方通行ではない。だから相手の動物や植物に名前をつけて擬人化することは、愛の行為のひとつとして成り立つと思います。

しかし、機械である自動車の場合、相手に向かって投げる愛は、言ってみればこっちの勝手な行為です。そして投げかけるその愛は、ただ相好を崩してヨシヨシと可愛がるという形だったら意味はない。怪我をしてる人間の場合は、そうやって精神的に支えてあげることが治療のひとつの重要なメソッドですが、クルマの故障は涙流して撫でてやっても治りません。名前を呼んで叱咤激励しても、最高速はびた一文伸びないし、それまで曲がれなかったコーナーが曲がれたりはしない。そうじゃなくて、機械のコンディションを万全に保つように務め、内装や外装をきれいに保つ、所謂メンテナンスや補修の類の行動という形での愛を注がなければならない。そうやって物理的な状態をできるだけ良好に保ってやっていれば、そのぶんクルマは機械としての仕事をより高いレベルで果たしてくれます。昨日より最高速がちょっと伸びたり、アンダーステアが弱くなったりするのかもしれない。自動車と人間の間に交わされるコミュニケーションは、こういう形であるべきだと思います。だって機械なんですから。

だから、あくまで機械なんだという認識の上で名前をつけるのはアリだと思います。戦闘機乗りが愛機に名前をつけたりするでしょう。ガンダムは戦闘用モビルスーツのモデル名ですが、マジンガーZは個体の名前。大和も武蔵もヤマトもそう。自動車だって命を乗せる機械です。並の友達なんかよりずっと濃い時間をともにした相棒だったとしたら名前くらいあってもいい。おれ自身は、相手があくまで機械であり機械としての愛しかたがあるということを忘れないために、名前をつけるようなことはせずにモデル名でしか自分のクルマを呼びませんが、逆に機械として愛するために名前をつける人がいてもいいと思います。多分そのご友人は、名前をつけて擬人化して愛することで、機械としての保守をきちんとし続けるモチベーションを盛り立てているんじゃないでしょうか。

そのへんのオネエチャンが、ろくにメンテナンスもせず、あちこち擦りまくっていながら、自分のクルマをペットみたいに名前で呼んだりしてるのを見ると、おれも「そりゃオメェ違うだろ」と呟いてしまいますが、そうじゃなくてちゃんと機械として愛するために、そのプロセスとして愛称をつけるんなら全然いいと思うんです。

UTO UNION
DKW
IN-R 986

「モメずにクルマを語るには」

大好きな自分のクルマのことを誰かに伝えたい。でも、きちんと伝えられない。他のクルマが好きな人と喧嘩になっても困る。異性でもクルマでも「好き」の中身を伝えるのは難しいもんです。ならば、こういう方法はどうでしょう。

ＢＭＷ３２０ｉ（Ｅ90）に乗っています。たいした車歴はありませんが、走るのが大好きで、去年の納車から3.3万㎞も乗っています。いつも人に自分のクルマのことを聞かれるんですが、どうしたら上手にそれぞれのクルマの良さや悪さなどを説明できるようになれるでしょうか。

【愛知県知多郡　大森さん】

愛知の知多にお住まいなんですね。だいぶ前ですが、ダチに名物という巨大なエビフライを食べに連れていってもらいました。ありゃ美味かったです。

さてとクルマの話ですね。好きとか嫌いとかの話なら印象を言えばいいだけなので、それは日本語の問題で、だとすれば文学小説の類をたくさん読むって方法があります。ちなみにおれも、クルマの話ばっか書いてると荒涼とした言葉しか出てこなくなる病気にかかるので、そうなってきたなあと思ったら、情緒のエッセンスを注射するために、古めの文学作品を読んだりします。先月読んだのは永井荷風の随筆集と幸田文の『きもの』。おれは、母が東京の下町の大名火消しの頭《かしら》の家に育った人で、おれも同じ地域で育ったので、幸田文の書く世界が皮膚感覚で微かに分かるんで、好きなんですよ。

おっと脱線した。ええと大森さんが望んでいらっしゃるのは、好き嫌いじゃあなくて、良いとか悪いの話なんですよね。その場合は、こうしたらいいんじゃないでしょうか。

話をする要素それぞれについて「自分はこうであるべきだと思う」ということを言う。評価の基準をまず述べるんです。例えば、走りで大事なのは、限界の高さよりも重要なのは操縦の自由度である、とか。ステアリングは、重い軽いより、前輪の様子の伝えかたが重要だ、とか。そしてその基準に照らして、このクルマはここが良くできてるとか、あそこがダメだとか、判断を話す。

その場合に大事なのは、クルマの種類ごとに基準は変わるってことです。Bセグメントの実用車であれば、ハンドリングよりも心地良く座っていられる空間構築や椅子のつくりが重要でしょう。そういう風に「このクルマは、こういう目的の物体だから」という前提を、基準を立てるときに忘れない。

先月おれは、アストンV8のスロットル設定がイマイチ反応がダルいってなことを書きましたが、それは走りのダイナミズムが重要なスポーツカーだからです。一方、レクサスLSのスロットルは、ある意味でもっとダルいけど、今回ほめました。それはLセグメント・サルーンだからです。そういう車種はゴツい革の靴を履いて運転しなければならないことが多い。そんな靴に対してLSは万全の仕立てになっている。だから感心したんです。

こういう風にすれば、話題にするクルマのことを知らない人も、大森さんの話が分かりやすいでしょうし、また無駄な軋轢も避けられます。クルマ談義でよくあるのが、いきなり「○○はいい」だの「△△はダメだ」とかの発言で紛糾してしまうパターンです。まあ、そら紛糾しますわな。だってイイとかダメの基準がお互いの間で設定されていないのに、判断だけ投げつけるんですから。でも、基準を明らかにしてから後に判断を述べれば、「そういう考えに基づくなら、確かにそうだわな」となる。もし相手に反論がある場合でも、「だけど自分は、こういう違う判断基準だから、こう思う」とかの建設的な話になりやすい。こうなれば、それは喧嘩腰の言い合いじゃあなくて、違う価値観に触れることができたっていう、いい経験になるはずです。

できれば、そういう基準と判断の話をしたあとで、あらためて好きと嫌いの話ができるといいですね。そうすれば、ただ喋るというグータラな行為なのに、確実にクルマの世界観は広がると思います。オートカーの企画のため後輩の中古車ジャンキーを相手に毎月のように、中古車市況の対談と称してファミレスに4〜5時間居座ってクルマの話をしていたおれの、実体験に基づくアドバイスでありました。

「クラブ活動してみたい」

自動車が趣味の対象になると認められるまで長かった日本にも、今やたくさんのオーナーズクラブがあります。とりわけインターネットが普及してからは、大抵の車種にクラブがあって、メジャーな車種だと複数のクラブがあったります。

某フランス車に乗っています。先日、知り合った同車種の持ち主に、オーナーズクラブに誘われました。同じメーカーで集まった30名ほどの集まりだそうです。私はどちらかというと外交的な性格ではなく、今までひとりでクルマ趣味を楽しんでいたのですが、クラブに入ったら入ったで面白そうなことや有益な知識も得られそうだとは思います。その反面、面倒くさいこともありそうです。どうすべきかアドバイスをお願いします。

【千葉県千葉市　匿名希望さん】

そういう同好の主の集まりって、インターネット上が基本で、リアルに逢うのはオフ会だけってパターンも増えてきました。今やそっちのほうが多いのかな。リアルもネット上も両方ともおれは昔いくつか入ってたことがありますから、その経験を含めたところをお話ししましょう。

まず良い面は、仰るとおりで、知識が広がる点にあります。自分のクルマに対する薀蓄やメカニズムのことをはじめとした座学的なこと、そして修理メンテに関する実際的なノウハウなど、車種に特化した深い知識が共有される。ですので、それはとてもありがたくて嬉しくなるでしょう。とりわけフランス車は、過去モデルのパーツの価格設定が凶悪なことになってるという話をあちこちで聞きますから、そのへんの対処法なんかも得られるでしょう。

ただし嬉しくないことも起きます。

自動車のクラブといえども人間の集団で、人間の集団によくありがちな構図が発生しがちなんです。気心の知れた少ない人数でやってる初めのうちはいいんですが、人数が増えてくるに従って派閥とか上下関係みたいなものができあがっちゃうのです。それは、こういう具合に出現します。まず値段の張るクルマや希少性が高いクルマを持ってる人が集まりの中のスター的な存在になっていく。仕事でもない趣味なのだから、知識と見識のある人がそうなってもいいのに、なぜか不思議とそうならないんですなこれが。人間の中身じゃなくて高いクルマがエライ、それを買った買えた奴がエライってことになっちゃう。

そうやって「お山の大将」が生まれると、今度はその人を中心に何となくグループのようなものが形成されるのです。世の中どこにも「取り巻かれたい」人と「取り巻きたい」人はいるもので、必ずそういう構図ができあがるんですね。すると取り巻かれる大将は、大将の自意識が発生して仕切ったりを始めたりする。まあ、ここまではいいんです。ボランティアでやる仕切りは面倒くさいですからやってくれるのはありがたかったりもしますしね。ところが問題は「取り巻きたがる」人たち。取り巻きグループじゃない人たちに対して大将をやたらと持ち上げ始める。やたらと「××さんは凄い」とかの類の話をしだす。自分が大将になってチヤホヤされない代わりに、自分たちが形成する大将取り巻きグループを他と差別化して自己承認欲求を充たそうとするんですね。神になるんじゃなくて、使徒になって栄誉に授かるわけです。

取り巻き軍団は、こうなると大将の××さんを引き合いに出しながら、なんか偉そうな物言いをしたりし始めて、周囲と険悪なムードが生まれちゃったりしがちです。大将のほうでも、祭り上げられるうちに大将としての地位を盤石にしたくなって、無理して凄いクルマに買い換えたり、どんどん過激なモディファイに走ったりして、これはこれで大将自身でも辛かったり。な~んか小さい会社や宗教組織や思想集団とかでありがちな話。社会の縮図を見せられてる嫌な気分ですよねえこういうの。

もうひとつ典型的なネガがあります。

クラブを作ると、大概「どっかでクルマ乗って集まろう」って話になりますね。世間の邪魔にならないように場所をわきまえれば、それはそれでいい。結構愉しいもんですから。ただ、集会するだけじゃなく、走るってことになると、リスクが生まれるんです。連なって走ると、どうしても自分のペースとは違ってくる。興奮して頭に血が上って我を忘れて、つい飛ばしがちになる。また、本心ではそこまで飛ばしたくなくても、遅れちゃあ皆に迷惑がかかるってんで無理してペースを上げちゃう。テンパって走るそういうパターンがお約束ゆえ、事故になるケースが出てくるんです。見ず知らずの人とだって事故は面倒くさくなりがちなのに、知り合いだとそれが何十倍にもなります。仲のいい友達だって、友達じゃなくなることもあるくらいですから、そりゃもうモメますぜ。

クラブってそういうネガがいくつかありがちですが、他方では、自分と違うクルマへのアプローチがあることを発見できたり、より深度の深い世界が開けていることを知ったり、自分と違う領域の人との交わりでなければ得られないこともたくさん体験できたりもします。妙な人間相関図を上手にスルーしたり、自分のペースを乱さない自信があるのであれば、参加してみるのはいい経験だと思います。大将&取り巻きグループが先鋭化して、別の集団に分岐したりして平和が取り戻される場合もありますし。おれ自身は、過去に所属したクラブ全て、思い返すと入って良かったと思ってます。

「シトロエンのあれ」

近頃は世界中のクルマの恰好が似てきてしまってます。でも少し前までは、国やメーカーごとに個性がありました。とりわけシトロエンは他の何にも似ていない姿のクルマが多かった。リアフェンダーがタイヤを半分ほど覆っていたりして。

シトロエンってリアフェンダーのところがタイヤに被さってるクルマが多かったですけど、何か理由はあったんでしょうか。ヘンな質問ですいません。

【愛媛県今治市　佐藤さん】

ヘンな質問は大歓迎です。確かに、ＤＳやＳＭやＣＸやＧＳの時代はそうでしたね。ＢＸもあれほどじゃなかったけど、少し被り気味のデザインでした。

それはなぜかと問われれば、やっぱ空力だったんでしょうね。

空力の教科書なんかを読むと、走行中のクルマのホイールハウス内は負圧になるのだと書いてあります。ゆえに前から流れてきた気流がそこで乱されちゃう。これをフェンダーを深く被せることでキャンセルしたかったわけです。フォードあたりも70年代に空力実験車で盛んにホイールカバーをトライしてました。それで車体側面の気流が良くなることは常識でしたから。

なのにシトロエンだけが普通の市販車にそれを導入したわけです。それはシトロエンだからこそできたことだと言っていいんです。

シトロエンは最近までリアサスにフルトレーリングアームという形式を使ってました。これはクルマの進行方向に延ばしたアーム1本でタイヤを支えるもの。アームの前端が車体側に結ばれ、後端がアップライトと一体になる。これって前後方向アームなので車体に対してタイヤは平行に上下するだけです。ところがダブルウイッシュボーンだのマルチリンクだの横方向アームを使う形式では、サスが上下にストロークすると、タイヤは横方向に動いてしまう。トレッドが変わる。縮んだときにネガキャンが増減する動的ジオメトリーだと、覆った部分に干渉する恐れが出る。しかしフルトレだとそれは起きようがないのです。

ちなみに、タイヤをフェンダーで覆ってしまうということは、タイヤは車体側面よりもずっと内側に収めなければならないということです。そうするとトレッドが、そのぶん狭くなる。縮んだときタイヤが内側に入る横方向アームだと、さらにトレッドは狭くなって、コーナリングが不利になる。でも縦アームなら大丈夫。

その上、シトロエンは昔から、フロントをやたらとワイドトレッドに、リアをナロートレッドにする設計手法を採ってました。DSではなんとその差200㎜（！）、CXでも100㎜ありました。後ろよりも前がずっと広いトレッド設定で、FFゆえの前偏重に起因するフロントの弱さを受け止めようとしたのでしょう。こういう設計手法だったから、リアタイヤを覆ってしまって、トレッドが狭くなっても全然問題なかったんですね。

シトロエンがなぜ、というよりシトロエンだから実現できたあれは空力対策だったのです。

「3人掛けよ今いずこ」

運転席の隣はセンターコンソールを挟んで助手席。クルマはふたり並んで乗るもの。でも、そうじゃないクルマがありました。昔のアメ車の前席はベンチシートで3人掛けがお約束。少し前にはホンダ・エディックスやフィアット・ムルティプラという前3人掛けがありました。それがなぜに滅亡したのか。

最近のクルマに前席3人掛けが少ないのはなぜでしょうか？ 安全規制のためになくなったのでしょうか？ キャディも3人掛けなら喜んで買うのですが。【大分県大分市 田村さん】

田村さんは横3座のムルティプラにお乗りと。そうそう、そうですね。前席3人並んで座るのって楽しいですよね。映画の『The Fabulous Baker Boys』（放題は『恋のゆくえ／ファビュラス・ベイカー・ボーイズ』）状態で、真ん中がミシェル・ファイファーみたいな女の娘だったら最高です。子供ひとりの3人家族だったら、真ん中に子供乗せれば、これまた楽しそう。そういや昔、タルボ・マトラ・ムレーナっていう横一列に3つシートが並んだミドシップに野郎3人で乗ったんですが、あれは全然楽しくなかった。乗せる人選も重要ですね前3座は。

それはともかく、ご推察は、おお凄い、正解です。少なくともおれはそう聞いてます。聞いたのは、日本でも結構売れたトーラスが、軟体動物みたいなヘンなカッコの奴にフルチェンジしたときでした。このフルチェンジで、3人掛けベンチシートが用意されなくなった。それはなぜなの楽しいのに、と訊けば、安全性が確保できないからとの答え。つまり、ベンチシートだと中央席に3点式シートベルトが取り付けられない。それから、真ん前にはセンターコンソールがある上に、ステアリングなどの邪魔物もあるから、中央席用のエアバッグも取り付けられない。ちょうど衝突安全性が注目を浴び始めていた時期で、そのあたりを理由に廃止になった。もうこれから3人掛けは無理だろうってな話をされました。

でも、ベンチじゃなくってセパレート式のシート×3だったら、中央席はビルトイン型にすれば3点ベルトが可能で、そちらの問題は解決できる。ムルティプラもエディックスもそうしてますね。ただ、ビルトイン型シートベルトを採用するにゃあ、シートそのものの内部構造ひいてはフロア部の剛性をぐーんと上げないといけない。当然、そこにお金がぐーんとかかります。

それに、別の面での安全性関連の問題も出ます。全幅を常識的な幅に収めながら、横に3つセパレート式シートを並べると、左右席の人がどうしても外へ行く。すると側突が厄介になる。側面衝突のテストでダミーの損傷がないようにするには、構造ももちろんそうですが、車体アウトラインと人間の距離を取るのが効く。同じ変形量だったら、遠くに座らせるほうがダミー損傷は、そら少ないですもんね。ムルティプラは独特のフロア構造で側面衝突に備えてますが、普通の形式のモノコックでは、ここらへんが難しくなる。

それだけの課題をおして横3座を作っても、ムルティプラやエディックスの世界的な売れ行きを見る限りは、ドカンとヒットしそうもない。そういうわけで、なかなか横3座は出てきにくいのですね。ムルティプラ、後継車は難しそうですから、ぜひ大事に乗ってくださいね。

「腐るか溶けるか」

クルマの車体はたいがい鉄でできています。正確には炭素を少しだけ含ませて強くした鋼という合金ですが。しかしどっちにしても基本的には鉄。鉄は空気中の酸素と化合して酸化第二鉄となる。つまり錆びちゃうのだ。

海の近くに住んでいます。これまでアルファのスパイダーに始まりチンクエチェント、アウトビアンキと乗り継いできましたが、どれも腐ります。手入れをしても、屋根付き駐車場に入れてもダメなんです。もう疲れました。最近、トヨタ・シエンタが使いやすそうで気になってるんですが、イマイチ購入には踏み切れません。腐ったA112を抱えて、季候のいい高原にでも引っ越すべきでしょうか。

【神奈川県藤沢市 Kさん】

そうですね。その手は間違いなく錆びますすね。おれの経験からしても絶対に。あー錆びるドコロじゃ済みませんね。腐る。いや溶けると言ったほうが正しいでしょうね。もはやナメクジとさえ言っても過言ではありません。赤錆を指で突いてみたら、指がそのままズボッと貫通したときのキモチは、ドイツ車や現代車しか知らない人には到底分かってもらえないでしょうねえ……。

つっても、そのナメクジ化現象は、海辺住まいには基本的に関係ないと思いますぜ。昔は海っぺりを走ってると、地元のクルマは皆んなドアの下やホイールアーチの袋のところに赤い錆が浮き出ていて、「あー海へ来たんだねぇ」との思いにふけったもんですが、今やそんなクルマは見かけなくなりました。前に乗っていた日産プレセア初代の前オーナーはKさんの近くに住んでで、下が砂利の露天駐車場に5年ほど停めっ放しだったそうですが、錆なんぞひとつもなかったです。錆びるのは、もっぱらあのころのトリノもしくはミラノの奴らのせいであります。

今は国分寺で本屋をやっている昔の同僚のミタムラ君てのがおりまして、彼はセリカからインテグラーレ16バルブに乗り換えたのをきっかけにイタリア方面に行ったまま帰ってこなくなっちゃったんですが、そのミタムラ君が買ったA112アバルトは、気張ってシャッター付きガレージ保管を敢行したにもかかわらず、やっぱしリアゲートが溶けて崩壊してました。つうか、今までの人生で見たA112で、リアゲートがリアゲートの格好をしたまま残ってる個体はひとつもなかったですぜ。悉くサイドシルと言わずフェンダーと言わず床と言わず錆びたり、もしくは溶解してましたねえ。

さてこのミタムラ君、そんなA112を深く愛してしまったようで、東京で一番と昔から高名な某鈑金屋さんに、剥離前塗装&錆び完全治療のお願いをしに行きました。錆びはヘタに部分溶接で補修すると、その溶接部から再び凶悪に錆びるっていうセオリーがあるくらいは彼も知ってたので、やるなら本格的にと思ったんだそうです。んで、出た見積もりは最低200万円。実際に剥いてみたら、ありゃまあ予想より重傷ってケースが多いので、これ以上になることも覚悟しといてね、の註釈付きで。

当然フリーズしたミタムラ君は、幾晩も考えに考え、考えているうちにフィアット850スパイダーだかアバルトOTだかを買っちゃいました。こっちは60年代モノで、錆びリスク度数は70〜80年代ものより若干マシ。直す楽しみはこちらのほうにして、A112は、レストアじゃなく、対症療法的修理の範囲で乗り続けられるだけ乗り続けるとのこと。錆びて朽ち果てて土に還るまで乗って、自分が最期を看取るんだそうです。

というわけで、あのころのイタリア車の錆びは、残念ながら戦っても勝てません。必ずこちらが先に力尽きる。どうやらKさんも、力尽きる寸前のようです。

おれは古いクルマに何台も乗って、ある結論にたどり着きました。古いクルマで幸せになるコツは、そのクルマが最高に魅力を発揮する条件のときだけ乗る。それができないなら所有しない。これです。雨の日だとか、使い走りに乗ったりすると、古さゆえの嫌な部分が目立っちゃう。すると嫌になってくる。ただでさえ古いクルマは、劣化摩滅故障崩壊との戦いです。その戦う気力がなくなってくる。お金も手間もかけるのが嫌になる。もっとボロくなる。挙句、そのクルマが嫌いになっちゃう。せっかく愛したクルマを、わざわざ嫌いになるなんて不幸じゃあないですか。

であれば、ミタムラ君のように、時の流れに身を任せて、ともに朽ちていくんだという悟りの境地で静かに持ち続けるか、あるいは思い切って買い換えるか、どちらかだと思います。ちなみに買い換えるならシエンタがいいかどうかは別の話ですので、決心がついたら、そのときはまたお便りをください。

DODGE

「ふたつの名車」

思い切って買ったクルマ。時間が経って冷静になったら、こりゃ失敗だったかと思うこともある。買うクルマが片っ端から正解なんて人が地球上にいるはずがないから誰でも体験することです。じゃあ、その場合どうしたらいいのか。

春に買ったプジョー406についての相談です。慎ちゃんがV6はダメだと書いてたのを読んではいたのですが、希望していた白外装、タン内装というV6の売り物があったのでつい勢いで買ってしまい、今では後悔しています。やはり直4でマニュアルの406スポーツだったかなと。買い換える意味はあるでしょうか。

【千葉県我孫子市 M・Tさん】

買い換えないほうがいいと、おれは思います。

文面を拝見すると、M・Tさんは若く、まだ自動車歴もそれほど深くない。であれば、暫く乗り続けることを強くお勧めいたします。

我々のように月に何台もクルマに乗る妙な商売だとかなら話は別ですが、普通の人にとって一生のうち自動車を買い換える回数って5〜6回。せいぜい一桁でしょう。買った自動車は、だから人生のある期間をともに過ごす相棒になる。クルマ好きなら人生の一部になると言っても過言じゃないでしょう。そして人生はゲームじゃない。ゲームのように、リセットすれば全てチャラでゼロからやり直しってことにはならない。

人生には失敗することだって何度かはあります。失敗したからリセットしてやり直す。そらあ楽でしょう。でも、失敗したなあと思っても力の続く限り踏ん張ってみて、できる範囲で最善の結果を残すように努力してみるんです。

20世紀が終わるころに高木虎之介というレーサーがおりました。虎之介は、当時の日本では図抜けた才能を謳われた人で、加えてお金もふんだんに用意できたので、F3に1年乗ったあと、94年から全日本F3000に進んでトップチームPIAA中嶋のマシンに乗ることになった。すると星野一義ら歴戦の手練れと対等以上に走り、95年には僅差でチャンピオンを逃してのシリーズ2位に輝いた。まあ一種の天才ですね。

その虎之介は98年にF1デビュー。その年は所属したティレルが崩壊寸前だったためにさしたる成績を残せなかった。しかし翌99年に彼はアロウズに移籍。このときのアロウズのマシンは、かのジョン・バーナードが設計した前年型の改良版で、アフリカの王子やら投資銀行モルガンが経営に加わるという陣営。日本のF1ファンは、そこそこ期待をしました。

で、最初は虎之介、速かった。しかし全16戦のシリーズが進むに従って、相棒のペドロ・デ・ラ・ロサのほうがじわじわと成績を上げていき、中盤の仏英墺3連戦のころには既に立場が逆転していました。

デ・ラ・ロサは自国スペインの入門フォーミュラで名を上げたのですが、お金をふんだんに用意してくれるスポンサーがつかずに、流れ流れて日本にやってきた。辿りついたフォーミュラ・ニッポンでは森脇さんのノバで走って大活躍し、全日本GT選手権も走りました。そしてジョーダンのテストドライバーを経て、99年に漸くF1に辿り着いたのでした。このとき虎之介が25歳で、デ・ラ・ロサは28歳。歳は3つしか違いませんが、F1までの来た道は対照的です。国内で燦然と輝く成績を残してあっという間に日本のスターになった虎之介に対して、デ・ラ・ロサは苦労に苦労を重ねて這い上がってきた。

おれはそのとき元フォーミュラ乗りのダチの吉ッさんに、虎之介の戦績の失速について訊きました。吉ッさんは言いました。「あらキャリアの差ですわ」「最初のころは予選も本戦もトラのほうが速かったですやろ。だから単純な腕だけで言うたらトラのほうが少し速いんやと思いますわ」「けどデ・ラ・ロサはあちこち渡り歩いて、しょーもないマシンを自分でなんとか走れるようにセットアップして、なんとか結果を残してきた叩き上げドライバーなんですわ」「そやから今年のアロウズみたいな鈍くさいクルマやと、何戦も走ってセットアップを積み重ねてきたら、そらデ・ラ・ロサのほうが速よなりますわ」「トラは一流チームで一流エンジニアが仕立てた一流のマシンで勝ちまくってきよったから、アカンクルマをどないかする方法は身に付けとらんのちゃいますか」

ここで、おれが言いたいのはレーサーとしての高木虎之介とペドロ・デ・ラ・ロサのどっちが上だとかどっちが速いかという話ではありません。どっちがカッコいいかという話です。おれはデ・ラ・ロサ君、おおカッコいいじゃんと思います。

話を乗用車に戻しましょう。

確かに、こりゃダメだと思ったら即座にリセットするほうが時間の節約にはなります。なんですが、ゲームみたいに安易にそうやってリセットしてると、その癖がついて、安易に買って、安易にリセットをダラダラ繰り返す人になっちゃいます。おれは、そういうクルマの買いかたをする人をたくさん見てきました。超高価なクルマ、世評の高いクルマ、おれもいいと思うクルマ、そういうクルマをポンポン買い換える。フトコロが豊かなのでしょう。それは羨ましい。でも買った台数や内容は凄いのに、そういう人から「これは」と思う話を聞いたことが、ほとんどありません。何も得ていないことが多い。全然羨ましくない。

もしダメだと思って、もしそれが正しかったとしても、もっと乗って乗って乗り込んで、ダメだと思う箇所を突っ込んでみればいいんです。V6の406だったら、例えばATの何がどうダメなのか。V6でハナが重いからダメだと分かってても、それがどういう風に何を色褪せさせているのか。重量配分がダメなんだと思っても、それは運転の仕方で多少でも緩和できないのか。重いことでエンジンマウントは、どういう悪影響を受けてるのか……。

実は、おれ自身もそうやってきました。なぜかおれは、いいクルマとは言い難いやつを好きになって買ってしまう性癖がありまして、中でもフェラーリ328GTSというクルマは、カッコのわりに、これ機械としちゃ結構情けない内容だった。エンジンは凄えと思ったのですがシャシーがダメだった。買って乗ってみて、すぐにこりゃ駄目だわと頭を抱えたんです。とはいえ60回払いのローンが延々と残ってる。そこで、まずダンパーからブッシュからエンジンマウントからステアリングラックに至るまで換えられるものは片っ端から換えた。フレームの精度が狂ってるんじゃねえかと疑ってフェラーリ指定のジグに当てて寸法を精密に測って修正。それでも芳しくいかないので、今度はサスペンション理論の勉強をした。素人のパソコンで動く有限要素解析法のソフトなんざない時代だったので、方眼紙にアーム配置を書き写して、ストローク時のジオメトリーがどうなるのかやってみた。車高を変えてロールセンター変えて、それで図面上でどうなるか、それが走らせてどう変わるかやってみた。夜中にウトウトしながら布団の中でアシのことを考えていて、ふと思いついて跳ね起きて、理論書を取り出して朝まで唸ったりしてたなあ。小型車1台分の値段がするF1用のダンパーを特注してみたりもしました。世界最高のダンパーなら、どこまでシャシー能力を押し上げられるのかという実験です。

今になって振り返ると、駄目だと分かってすぐ売っちゃえば、走行距離は1万kmちょっとだったし、内外装はきれいだったから、きっと売値もそれなりについて、お金と時間は節約できたでしょう。でも目一杯ジタバタ悪あがきをした結果、すばらしくたくさんのものが得られました。おれの今の知識の結構な部分は、フェラーリの駄目な部分と格闘して学んだのだと思ってます。最高の教科書でした。

それがフェラーリ328じゃなくて、プジョー406でも、何も変わらないと思います。若いと、幸せがカタチにならないと満足できないもんです。おれもそうでした。幸せだと自分で思うだけじゃダメで、カタチにならないと我慢できなかった。自分のクルマとして所有する。彼女にする。結婚する。サーキットでタイムを出す。自分の家を建てる。アイツを追い抜く。社長になる。でも、そういう具体的な形を取ったものだけが価値があるんじゃない。苦しんで目一杯ジタバタして、そこで得る貴重な何かは必ずあるはず。残ったのがボロボロになった406V6でも、それを売って僅かなお金しか懐に残らなくても、形になったものが見えなくても、きっと何物にも代えがたい経験や知識や、それを集約させた見識や悟りが絶対に生まれているでしょう。そういうものが自分の中に持てるって、もの凄く価値あることであり、幸せじゃないですか。

そういう風になれたとき、M・Tさんは、おれがぜひとも伺いたくなる話を山ほど持っている人になっていることでしょう。フェラーリだのアストンだのロールスだのを何十台買い換えてリセットを繰り返すだけのお金持ちの、何百倍も面白く楽しく驚くような話を。

もう一度言います。人生はゲームじゃない。人生は効率じゃない。クルマを所有するのもゲームじゃない。簡単にリセットしてちゃ、つまんねえ奴になってしまう。

名車と呼ばれるクルマがあります。機械としてすばらしいデキのクルマや、革新的な設計で自動車の世界を変えたクルマをそう呼びます。でも、もうひとつあるんです。自分のクルマとのかかわり合いの中で、図抜けて多くのことを教えてくれて、他と比べようもないほど濃い時間を過ごしたクルマ。言ってみれば、自分史の上での名車です。

プジョー406のV6は自動車史上の名車とは言えないでしょう。でもM・Tさんが何年か真剣に付き合って取っ組み合ってみたら自分史上の名車になるかもしれません。自動車と過ごす時間の価値は自動車評論家なんぞには決められないのです。

K-DJ 447

「サーキットは最高の修行場所か」

大小含めれば日本にも結構な数のサーキットがあります。普段乗っているようなクルマでも気軽に参加できる走行会も増えてきています。サーキットなら思い切り飛ばせます。サーキットはクルマにとって天国なのでしょうか。

サーキット初心者が走行会に参加して、ドライビングに関して何か学べるところはあるのでしょうか。サーキットを走ったこともない私が言うのも僭越ですが、結局サーキットはサーキット、公道は公道、全くの別物なのではと思っております。

【神奈川県綾瀬市 木村さん】

結論から言いますと、おれも同じです。サーキットと公道は別物だと思ってます。そして、サーキットで「いいクルマ」と、公道で「いいクルマ」も全然全く別だと。

なにしろサーキットは、あまりにも条件が限定的です。路面だって基本的に平らでスムーズ。サーキットの世界でも「ここはスムーズ」だとか「あそこは荒れてる」だとか言ったりしてますが、公道に比べりゃ屁みたいなもんです。

それよりも何よりも、公道は先が読めない。また、我々が道を走るのは365日で、雨だったり風が吹いてたり雪が積もってたりすることがあります。子供とか対向車が目の前に飛び出してくるかもしれない。何かが落ちてるかもしれない。そうそう、湾岸でトラックの後ろに増設してる角パイプで組んだ踏み段みたいなのが落ちてたことがあった。ご想像どおりのスピードで走ってたのであれは心臓に悪かったですぜ。また東京の湾岸線のトンネル部には、海底を走る完全な筒の部分だけじゃなく、上が空に抜けてる部分があります。手前まで乾いてたのに、いきなり雨が降りかかってきてヘビーウエットに路面が急変する。知らないで飛ばしていると チビります。そういう風に1カ所だけ濡れてたりするケースは峠なんかでもしばしば出会いますね。

常に先が読めないそういう千差万別の状況で、きちんと安心してリラックスしてペースを上げていけて楽しい。それこそが正しいクルマの姿です。だからこそ限定的な状況以外では刺々しい動きが出るBP系レガシィ初期型のシャシーをおれは否定したのですし、融通性と同時に安心感に満ちたルノーRSのシャシーやオーテック中島繁治さんのセットアップしたマーチ12SRやZ33系フェアレディ380RSをすばらしいと賞賛したんです。

そこへいくとサーキットは、言ってみれば予め先が読めている道です。どう曲がってるかが分かってるし、障害物があったりすればフラッグで警告してくれる。全てじゃないですが危険は出会う前にあらかた予期できている。そして、ちょっと走行ラインがズレたらどこかにぶつかる公道と違って、道幅は広いし、仮にコースアウトしても大過ないようになってる。難所で有名だった富士スピードウェイの100Rなんか、縁石の外側まで舗装されて、どこ走っていいか分からなくなるくらい。

だから操縦性の感想も違ってきます。公道ではニュートラルに感じるルノーRSも、サーキットでは、もうちょっとリアが出て曲がってくれるといいのにとか思ってしまいます。

おれが思うにですね、サーキットって、わざと走りにくく作ってある練習問題のようなものなんじゃないでしょうか。乗るクルマの挙動と、それを引き出す運転技術とを用いて、その最適の組み合わせでこれを攻略する。筑波2000あたりだとわりと単純な一次方程式の連続ですが、改修後の富士なんざ、ダンロップ（旧Bコーナー）以降からホームストレートに戻るまでの7つのコーナーは、最終コーナーから逆算しなけりゃならない連立方程式ですなありゃ。手練れの皆さんが色々と教えてくれるのですが、腕もないのに真面目に取っ組まないので未だに解けませんわ。

クルマの挙動はドライバーの腕や脚先の動きで作るわけですが、本質的には知的ゲームだと思うんです。その意味ではゴルフなんかに似てますが、ゴルフの場合は、ドライバーの飛距離とかのフィジカル能力も要素に入ってくるけれど、サーキット走行の場合はそれはクルマの性能のほうに属するところであり、体力は、耐久レースとかでもないただの走行会くらいなら、そんなには必要じゃない。

ですがね。それでも、おれはサーキット走行を不要だとは思ってません。そこでしか得られないものはある。一例は限界的な挙動です。「実際の道ではそんな領域では走らないから試乗記の限界の話はナンセンスだ」とかいう話をよく耳にします。しかしですね、届かないはずの限界を実際に超えてしまうから事故が起きるわけですよね。「カーブでハンドル操作を誤って」などとニュースで伝えられる事故の数を考えると、その数倍の人々が今日も「限界走行」をしてるわけです。ちなみにＥＳＰの類も、完全に全ての状況でクルマの挙動を安定化させてくれるわけじゃありませんぜ。とりわけハナの重いＦＦがオーバースピードでコーナーに入って、前がヌケて真っ直ぐに行っちゃうドリフトアウト状態に陥った場合、機構上ＥＳＰはほとんど何もできません。ボッシュの人もトヨタの人も、そうゲロってます。

とまあ、そういう限界を超えたときのことがサーキットでなら体験できるわけです。なにしろ複雑怪奇な方程式の練習問題ですから、ややこしい組み合わせの限界挙動がやたらと体験できる。また、普通の人は人生のうちスピンを体験することなんてあまりないでしょう。だからケツが滑りかかっただけでパニックになる。でもサーキットでなら誰でも簡単にスピンできちゃいます。しようと思わないのにね。

こういうことは一度でも体験しておくと、その後の対処が違ってきます。公道上での事故はその多くが、まだ完全にアンコントロール状態には陥ってないのにパニックを起こして適正な操作ができず、そのために本格的なアンコントロール状態に突入するという順番で起きます。これって例のカウンターステアひとつ取ってても分かります。雪道とかで歩くようなスピードでケツが流れても、大概人は無意識にハナが向いたほうと逆にハンドル切ってますから概ね無事に済みます。あれは基本的に本能的な操作なのです。しかしスピードが高いと、ケツが出たときに恐怖心が先に来て、パニックを起こしてテンパって、修正舵が遅れて、余計にヤバいことになったりする。こういうことも一度体験しておけばパニクりにくくなるし、スピン状態に至るその前に、自分のクルマがどういう感じなるのかを知っておけば、わりと楽に対処できたりします。よく言うでしょう。「限界を超えることは絶対できない」「でも限界を上げることはできる」って。サーキットは人間の限界を上げることができる場所だと思います。

ただですね。そういう訓練には、サーキット走行よりも向いてるヤツがあるんです。

よくサーキットにはジムカーナコースと称するだだっぴろい空き地があったりします。ここで定常旋回をする。クルマの基本的な挙動は、わざわざヤヤコシイ練習問題をせずとも、これで十分に分かります。もうちょっと難度レベルを上げたければ、パイロンを3つか4つ置いて不定形のイビツなオーバルを作る。これをひたすらグルグル回るんです。コースじゃなくて、周りはただの空き地ですから、どういうラインで、どういう曲率で、どういう減速の仕方で回っても自由。ついでに言うなら、計時しても意味ないですから、タイムが速えだの遅えだののプレッシャーともこれは無縁です。そこで、ありとあらゆる回りかたをしてみるわけです。初歩の応用問題として最適ですし、本格的にサーキットを走るときの最高の訓練にもなります。偉そうに書いてますけど、実はこれ、歴戦の911乗りで、入門用フォーミュラまで行ったセンパイに教わったんですが。

まあ、サーキット走行は以前おれも何度も行きましたが滅多やたらとカネかかります。ゴルフやスキーの比じゃない。なんせ行く前と行った後に各オイルだの水だのタイヤの保守をしなくちゃならない。コースアウトしなくても、確実にクルマに疲労のダメージも入る。でも、一度くらいは行ってみてもいいんじゃないでしょうか。それ自体が楽しめなくとも、体験として悪くないと思います。

「ドリフトはスポーツなのか」

日本ではドリフト。イギリスなんかでは気取ってサイドウェイなんて言ったりします。リアを豪快に振り出しながらの走法は今や自動車エンターテイメントの代表になりました。でも、これって正しいことなのか。

D1はあいかわらず人気ですし、自動車雑誌でもリアを流す話がたくさん出てきます。でも、聞けばやはり速いのはグリップ走行のほうだといいます。速いドリフトなんていう言葉も聞きますが、ドリフトのほうが速いならF1もドリフトで走ってるはず。あんな風にくるくる回るドリフトに意味はあるんでしょうか。

【東京都あきる野市　寺田さん】

シビック・タイプRに乗っているのですが、FR車への乗り換えを考えています。そこでお聞きしたいのですが、新車のRX－8と、中古のE46のM3ではどちらがオーバーステアの妙味を楽しむのにふさわしいクルマなのでしょうか。それとも、どちらもタイプRから乗り換える価値のないクルマだったりするのでしょうか。

【山梨県上野原市　黒川さん】

連続でお答えしちゃいましょう。

まずドリフトが意味あるのか。

ありますとも。グリップ走行って、スケートに例えると、周回コースを走ってタイムを競うスピードスケートです。かたやドリフトはフィギュアスケート。タイムじゃなくて、動きの美しさで勝負するわけです。ただ近年になって、フィギュアもパワーとスピード重視の時代になった。可憐な浅田真央ちゃんと並んで安藤美姫ちゃんが注目されたのも、日本人女子スケーターの中ではパワーとスピードで勝負できる身体能力があったからだそうです。しかし、ガタイの良さが重量過多に繋がってしまって、4回転サルコーも幻に……。それはともかく、これと同じようにドリフトもパワーとスピードの時代になったのですね。サーキットでタイムを争うのとドリフトは、自動車を操る技術としては、どちらも同じようなレベルの高さが要るわけですが、あくまで別の理想と別の美意識の、別の世界のもの。どっちが上ってことはありません。フィギュアとスピードスケートと、どっちが上かって比べる人がいないように。

さてお次は黒川さん。お尻を流してみたいと。FWDじゃあ、持ってきかたによってテールスライドはしても、積極的なドリフトはできないですからね。もしかするとRX－8やM3よりシビック・タイプRのほうが筑波なんかでは速そうですが、そういうスピードスケートじゃなく、今度はフィギュアをやってみる。価値があるとかないとか比べるような話じゃないと思います。

んではM3とRX－8のどちらがいいかと。まー、両方ともテールをスライドさせてカウンターを当てるような運転はできます。ただ、ちょっとそのプロセスにおける様子が違う。

RX－8は、操舵でスッとハナが軽く動いて、それに対してリアがあまり粘らず、こちらも爽やかに外に出ていくような動き。前下がりのロール軸（マイチェンで前の静止時瞬間ロールセンターは少し上がったみたいですが）で、ロードスターとも共通するマツダらしい動きをするクルマです。どちらかというと小さくクルクル回る動きの中でリアを流してカウンターみたいなシチュエーションに合ってるように思います。ジムカーナとかが得意な方向でしょうか。付け加えておくと、RX－8は明確に前下がりのロール軸なので、旋回時に路面アンジュレーションに遇ったりして車体が複雑な揺すられかたをしたとき、前と後ろの挙動がズレて食い違っちゃうときがあります。これが、おれはあまり好きじゃないです。

かたやE46型M3は、もっと豪快系です。ガッチガチに硬いリアボディに、これも硬めたリアサスで、どういう姿勢からもパワーでリアを振り出すことは自在。ただし基本的にはアンダー傾向が明確なアシで、それをパワーオーバー使って辻褄を合わせる感じかな。峠で、アンダー気味に入って、そこからパワーで強引に旋回軌跡を内側に引き寄せる、なーんて運転すると、とっても愉しかったことを覚えています。一方、あまり小さくクルクルってのは、BMW自体がそうですが、あんまし得意じゃなかった。どっちかというと、中速以上のほうが向いている印象です。

という以上の答えは、旋回軌跡を自由に調整する程度のリアスライドと、その修正操作としてのカウンターくらいの領域の話。それこそD1みたいに直ドリまでやって、CG映像もかくやの自由自在にクルマを振り回すレベルでのドリフトの話じゃありません。んなのやったこともないし、できないし。もし黒川さんのご質問のドリフトがそのレベルの話だったら、これじゃあ役には立たないですね……。

そこで知り合いの中年ドリフター氏に助言をしてもらいました。この人、おれと変わらん歳なのに、D1の某有名選手を師匠と仰いで、忙中閑見つけちゃサーキット出かけてドリフト修行中。ちょうど400psとかにチューンした愛機のエンジンOH中でヒマそうなのに付け込んで訊いてみました。そしたら、こんなお答えが。

RX－8については、パワーの不足を心配してました。1～2速での定常円旋回とか8の字とか、ひとつのコーナーのみのドリフトなら大丈夫でしょうが、D1のように各コーナーを繋ぐように常に流している状態を作るのは難しいと。振りっ返しのときに2速から上のギアではパワーが足りず、ドリフトが止まってしまうんだそうです。確かにRX－8は額面の数字は280psだけど、パワー感は薄いわなあ。

件の前下がりロール軸に関しても、コメントはおれの書いたことと相似で、「ターンインでリアを振り出すのは楽になるけど、パワーオンしてからはどうかなあ、ハイスピードドリフトや直ドリには向かないと思う」と。

もちろんリアのみ16インチに落としてエア圧を過大にするとかして、後輪の能力を落とせばリアは流せるけど、当然ながら領域は低く、ドリフトの速度が遅くなってしまいます。「イマドキのドリフトは、角度と速度と煙の量の3拍子が揃っていないと大会等でも評価されません！」だそうです。

そういうわけで、M3が中年ドリフター氏のお薦めなんですが、ただしそれはE46じゃあなくてE36なんですと。E46にはDSC（ダイナミック・スタビリティ・コントロール）っていう電制ヨーコントロールが装備されてますが、その制御モードの中にCBC（コーナリング・ブレーキ・コントロール）てのが入ってます。これは旋回制動時の安定を確保するためのものなんですが、ＤＳＣをカットしても、ＣＢＣは生き続けるんだそうです。Ｅ92型Ｍ３や１３５ｉクーペなどではそれほど邪魔にならないようになってるけど、Ｅ46時代はまだＣＢＣができたばかりなんで、ブレーキングドリフトに持ち込もうとフロント荷重へと移そうとした段階で制御が入ってしまい、アクセルオンかアクセルオフをきっかけにした慣性を利用したドリフトしかできないんです、と。いやー知らんかった。つか、ブレーキングドリフトなんてクローズドコースじゃないとできないし。

しかも、同じＥ36でも、できれば3.2ℓの後期型じゃなく3.0ℓの前期型のほうが、前後輪同サイズなので、ベターでしょうとも言ってました。これはおれもそう思います。前後とも２３５／40Ｒ17だったのが、後期には前２２５／45＋後２４５／40になって、アシもそれに合わされて、完全にリア優性の振動的な特性になっちゃいました。リア優性は、単なるアンダーって意味じゃありません。定常のステア特性はアンダーのほうがドリフトしやすい場合があるし。リア優性で振動的ってのは、後ろの収束性が高いってことで、これはドリフトにゃあ向かない性格です。

で、最後に彼からのアドバイス。最初はフロントにネオバ等のハイグリップラジアルを履き、リアにはフェデラル等の激安タイヤで最初は練習しましょうと。その場合、まずフロント空気圧は冷間1.8〜1.9kg／㎠くらい、リアは3.0kg／㎠以上の過大でスタートしましょう。その仕様でできるようになってきたら、よりグリップの高い前後同銘柄同サイズのタイヤで練習するといいでしょう、とのことでした。またドリフトするってことは、横を向いて走るわけで、風が冷やしもの系に当たりにくい。オイルクーラーを増設するなどの熱対策をしたほうが無難とも言ってました。

ほとんど、おれが答えてないですが、それはともかく楽しそうじゃないですか。黒川さん、参考になったでしょうか。

「等長は素敵か」

等長エグゾースト。かつてはチューニングの王道でした。ショボい鋳物の枝分かれエキマニが普通だったころは、等長にしたステンレス管の鈍く光るそれは、誰もが憧れる改造部品の筆頭でした。でも、等長じゃないほうが速いと唱えるチューニング屋さんも多かった。

この前、お世話になってる工場で、ＡＥ86のエンジンを下ろしてるのを見ました。するとエキマニが等長じゃないんです。聞いたら、このほうがトルクが出るんだそうです。本当でしょうか。

【神奈川県横浜市　嶋田さん】

等長エグゾーストマニホールド。おれたちゃタコアシって俗称で呼んでました。近頃マツダがＳＫＹＡＣＴＩＶ－Ｇの秘密兵器みたいなことを言ってますが、広島に取材に行ったら、若い排気系の担当技術者のお兄さんがタコアシって言葉を知らなかった。「古文書を読んだら、そういう排気マニホールドのことが書いてありまして」ですと。古文書って……。世代差なのかクルマに対する熱さの違いなのか。今も健在なＡＥ86とかの世界ではタコアシの話は現役だと思うんだけどなあ。

てな等長マニホールドの話。えっとですね。正確には、絶対的な最大トルク値は等長の場合に比べて落ちてるはずです。なのに、なぜそうするのか。

直列４気筒は、４↓２↓１もしくは４↓１で排気マニホールドを集合させていくのがセオリーで、その場合、重視する回転数に合わせて長さを調整して、ひとつの気筒から排ガスがドバッと出ていった勢いを利用して、他の気筒の排気を引きずり出す。排気がきれいに出ていけば、吸気も楽になるから、両方の効果でパワーも出ると。で、こうするには当然ながら等長じゃないとダメと。

にもかかわらず、ワンオフした直4の排気マニホールドは、ＡＥ86に限らず、不等長にする場合が多いですね。それはひとつの気筒をわざとフン詰まらせたいからです。ひとつの気筒がフン詰まれば、その気筒だけパワーが出ない。4発のうち1発だけそうなれば、微視的に見てパワーにさざ波のような凸凹ができる。これがトラクションに効くのです。駆動輪が空転しにくくなる。

1発フン詰まるのだから絶対的なパワーもトルクも間違いなく減っている。だから直線では、僅かに加速力は落ちます。しかし、コーナーからの立ち上がりではトラクションが効いて、立ち上がりは速くなる。日本の某メーカーがＷＲＣのグループＡ車の開発で実験してみたところ、きっちり数字に出るほどの違いがあったそうです。つまり、エンジン単体での数字は落ちるが、それを地面に伝える効率が上がって結果速くなる。「トルクがある」という言いかたは、実際にベンチで測ってトルク値が増えたんじゃなく、そのことを指してるんでしょう。

パワーに凸凹をつけるとトラクションが良くなるってのは、ちょっと聞くと「ん？」ですが、こういう例え話でおれは納得しました。綱引きです。あれって、ずっと同じ力で引っ張ってるよりも、オーエスオーエスと断続的に力を入れたほうが勝てますよね。あれって、引く力に凸凹をつけて、足の裏と地面とのトラクションを稼いでるわけです。

ちなみに、接地面積が少ないからトラクションが重要になってくるレーシングバイクは、エンジンは不等間隔着火です。またF1エンジンも、低速コーナーからの立ち上がりを多用するモナコGP用などのタイトなコースでは、左右バンク毎の電制スロットルのプログラムをいじって、左右がズレて開くようにしてました。いやー、速さの理論て奥が深いですね。

「腹をくりましょう」

世知辛い世の中になっていきます。暴走を防ぐためにクルマ側で最初から規制しちまおうなんて案も出てきています。それでいいのか。いや、その議論の前に確認しておかなければいけないことがあるのです。

鍵に組み込まれたマイクロチップを使って、クルマのパフォーマンスを制限するシステムをフォードが導入するようですね。10代の子供を持つ親が、子供の暴走を防ぐために必要としているそうですが、何というか……やり過ぎじゃないでしょうか。

【宮城県石巻市　中嶋さん】

この手の仕掛けが考案された背後には、保険って問題があるんだと思います。ご存知のとおり、保険には運転者の年齢制限てのがあって、それで料率が大きく変わる。元々保険料が高い高性能車の場合、この料率の変化による差額はかなり大きい。欧米では日本よりも、その度合いにかなり幅がある。

てな状況で、年齢制限をかけた保険に入った高性能車を、息子や娘が親の目を盗んで乗る。事故を起こす。保険が利かない。被害者が可哀想なことになる。こういうパターンを、そのシステムなら阻止できるかもしれない。

ただ、保険の問題がクリアされてる状況だと、これは子供のほうにとって権利を制限することになる。そこまでガチガチに縛るのはどうなのかという意見が出てきても当然とは言えます。

ですがね中嶋さん。もとより高性能車を踏み倒す、すなわちボーソーなんて行為は、法律上でも道義的にもワルイことであって、世間や親や自動車会社に許可されてやるもんじゃないと思うんです。監視や取り締まりの目を盗んでやる。機械仕掛けでパワー制限がかかってるなら、それをなんとかして解除する。何が何でもボーソーしてえんなら、そのくらいの根性キメてやればいい。

ボーソー関係も含めて、ワルイことって、特に若いころはやりたくてしょうがなくなるもんです。さて、そこでです。自分のことを思い出してみりゃ分かりますが、初めてワルイことをするときに、一気にそちらに深入りするヤツはまずいません。少しずつ、ちょっとずつ、恐る恐るワルイことゾーンに爪先を踏み入れる。そして、ビビッて公明正大ゾーンに帰ってくる。でもまたヨコシマ心が発動して侵入。今度は、もう少し深く……。

このとき肝心なのは、踏み越える境界線が明確なことです。そうすれば踏み越えたことをはっきり意識することになる。今ワルイことをしてるという自覚の上で、やることになる。踏み越えた自覚があるから、また戻ってこれる。踏み越えて戻って、それを繰り返して大人になっていき、踏み越えることの損を理解して、こちら側から出ないようになる。こうやって、おれたちも大人になってきたんじゃないでしょうか。

R35系GT－Rが出たころ速度リミッターが巷で話題になってました。あれだけの高性能を実現していながら、なぜ180km／hでリミッターかけるんだ。しかもリミッター解除すると、いやそれどころか排気系も、果てはタイヤホイールも勝手にいじると、履歴が残って日産ディーラーで整備を拒否される。お役所との関係があるのも分かるけど、こりゃやりすぎじゃねえのか、と。

しかしですね、関係ねーじゃないですか。いじりたきゃ、いじりゃいい。勝手にいじっておいてディーラーでメンテナンスしてもらって保証してもらおうなんて、ムシが良すぎませんか。改造屋さんに持ち込んで改造したら、その改造屋さんで保守整備すりゃいい。R32のころだって、それ以前の80年代だって70年代だって、みんなそうやってきたんです。手前ェでボーソーしたくて改造するんなら、メーカーに甘えてねえで、手前ェで手前ェのケツ持つ。これが基本じゃないでしょうか。

もちろん、社外のファクトリーで簡単に手が出せないように、現代のクルマには何重にもコンピュータ上のシバリがかけてあることはよく知ってます。そこまでやらないと改造はできないようになりつつある。でも、それって、つまるところ改造屋さんとメーカーの競争です。それに勝てないような改造屋さんに、GT－Rを任す気にはならないですねおれは。聞けば09年モデルからGT－Rのシバリは、さらにキツくなったようですが、それでも上等、改造しちゃる。そういう根性入った改造屋さんで、そういう根性入った人だけがやればいい。じゃないと困る。ハラ据えてないのまで片っ端から気軽にあの性能を野放図に垂れ流されちゃあ。

保安基準がユルくなったときのことを覚えてますか。改造がしやすくなったため、チューニング業界が盛り上がって、それはいいんですが、酷ぇレベルの改造車が溢れた。改悪車と言っても過言じゃないくらいの。そして、オーディオ換えるくらいの気安さで、マフラー換える子たちが増殖した。ATのくせに爆音だから、ボーボーとだらしない音で走るミニバンだらけになった。フェラーリでマフラー換えて、でも所詮はいい子ちゃんだから、全開で踏み切れるわけもなく、挙句は道端で空ぶかし。そんなヤツが異様に増えた。実にメーワクこの上なかったですよね。改造だのボーソーだのは、根性キメたヤツだけが世の中の片隅の暗がりでやりゃあいいのです。そういうグレーゾーンは、どうしても世の中からなくならないものだし、またそれがほんの片隅の小ささくらいに留まるならば、グレーゾーンはあったほうが逆に社会は健全なのだとも言える。

そんな風な状態の均衡に留めておくには、ワルイこと領域に侵入する場合のハードルは高いほうがいい。ハードルが低いと、何も考えずに踏み込んでくるボケが続出しちゃいます。だから、高性能車のパワー制限、まあどーぞ。おれは、そういう風に考えます。

「男がヘタと言われたくないあれ」

自動車メディア界には定番フレーズがありました。例えば「矢のように直進する」とか。いやいや、矢は直進しねえっての。直進してくれたら弓兵は困らなかっただろうて。そして今でもたまに見かけるのがこれです。

有名な「男には下手だと言われたくないものがある。ひとつは……」のように、クルマと女は一緒だという話を聞いたり読んだりします。慎ちゃんはどう思いますか？

【埼玉県新座市　松野さん】

松野さんが自粛した〝……〟の部分をおれが書いちゃいましょう。セックスとクルマの運転。

このフレーズの出典はどこなのか。あるとき興味がむくむくっと立ち上がったので調べてみたことがあります。

出処はスターリング・モスの自伝です。日本語訳が『命ぎりぎり』という書題で大昔に出版されていて、それをおれは伊勢佐木町のアヤシイ古本屋さんで掘り出しました。

そこに書かれていたのはこんな文章。

「男にはどうも自分はうまくやれないんだ、と言いたがらないことが二つある。運転と女を抱くことだ」

元々の文章はちょっと違うんですね。誰だ「ヘタクソと認めたくないことがある」って変えたのは。孫引きの連続で変わっちゃったのかな。原典では、自分で白状したくないって表現なんです。

この『命ぎりぎり』は、レースジャーナリストでモスと親しかったケン・W.バーディが書いたもの。ドライバーとして絶頂期にあった1962年に、モスはグッドウッドのノンタイトル戦でクラッシュして数カ月の入院とリハビリを要する大怪我をするのですが、その際にバーディがモスとの対話を記録して、それをまとめたものです。モスの話の内容は当然ながらレース活動に集約します。例の台詞も、警句とか気の利いたひとこととして述べられたものじゃなくて、レーシングドライバーという種族に関して彼が見解を述懐する中で出てきたもの。だから、こんな具合に続きます。

「これはある点では興味深いと思うね。男は他のことなら何でも白状する。ダンスができない。スキーのジャンプができない。ギターを弾けないとか。だけども、広い知り合いの中でも、鉄のカーテンのこっち側の世界にも『そうなんだ。俺はうまいドライバーじゃない』という奴に俺は二人しか出くわさない。そこで同じ知り合いの中で、俺は偉大なる色男じゃないと白状したのが何人いるか想像できるぜ。そりゃあんた、二人ってことはない。一人でもない。一人もいないだろう」

つまり、20世紀的な男性像がコモンセンスとして通用する時代の中で口を衝いた、ちょっとした軽口のようなものだったんですね。

というわけで原典を明らかにしたところで、お尋ねの趣旨に参りましょう。

まあ確かに、どっちも面と向かって下手だとは言われたかあないですよね。

では、女の人とクルマは、男にとって同じものなのか。

確かにフランス語では、自動車はvoitureでもautoでも女性名詞で、不定冠詞はuneで、定冠詞はlaですね。そのせいか、1990年代くらいまでは「このフランス娘を早速デートに連れ出すことにした」なんていうイタい試乗記をよく見かけたものでした。今でもあるのかな。

そういえば昔、古いクルマ好きが溜まっていた代官山の某喫茶店で、クルマと女とどっちが気持ちいいか、真剣に議論してた人たちがいました。つまり運転と性行為とどっちが強い快楽かと。議論していた人たちは、モテない暗いマニアどころか、そっち方面には波瀾万丈の人生を送っていて、運転もかなりの腕だったので、話は面白かったのですが、横で聞いてたおれは思いました。女に決まってるじゃんか――。

セックスの快感というのは、基本的に我々ホモサピエンスの本能の領域に予め埋め込まれたものです。種族維持に必要だからですね。気持ちいい↓セックスする↓子供が生まれる↓種族

（正確にはＤＮＡ）維持というわけです。なんたって根源的な部分に発する快感だから、それは強烈に決まってますわな。

翻って、クルマの運転に伴う快感は、本能の領域とは少し離れたところにあります。誰でもその快感を味わえるわけじゃなく、まず運転技術がなければダメ。クルマという機械をうまく走らせるレベルの腕が要る。その上、機械を操る喜びという抽象概念も持っていないと、それが気持ちいいことだと捉えることすらできないかもしれない。つまり、知性と教養と抽象思考と訓練が必要な、かなり高次の精神領域におけるそれは快感なのだと思います。

もちろん、そういうレベルの快感が気持ち良さの度合いで劣るとは言いません。でもやっぱり本能に埋め込まれた原始的な快感には敵わない。おれはそう思います。

第一、オンナ方面の楽しみで身を滅ぼした男はいつでもどこでも数知れずおりますが、クルマの楽しみで身を滅ぼした男はそんなにいないはず。自動車趣味が高じてくると、みんなそれを道楽とか言いますが、少なくとも身上《しんしょう》潰すくらいやるんじゃないと道楽とは呼びません。身を滅ぼすまではいかない遊びならそれは趣味なんです。そして、いくら強烈なクルマ好きといっても生活が破綻するまでやる人は少なく、大概はここ止まり。それって、クルマの快感は趣味の範疇で、女の快感はそれ以上だってことの証明じゃないですか。

しかし、単なる抽象的な存在として女とクルマを見るのではなく、もっと自分に近いところで、つまり一生をかけて愛して付き合っていくような対象として見たときならば、両者にはかなり共通するものがあると思ってます。

自動車の本で書き連ねることじゃないかもしれませんが、まあ聞いてください。

一生をかけて愛するような女の人がいるとしたら、こういう3つの要素を全て満たしてることが条件だとおれは考えています。

まずひとつ目は、人間として敬意を持てるか。人間として面白い人だと思えるか。この〈面白い〉はfunではなく、interestingです。例えば、極日常的なこと、例えば買い物みたいなことを一緒にしてるとき、そのコミュニケーションが楽しいと思えるか。つまり男と女という関係のモードじゃないときに面白く時を過ごせるか。

ふたつ目は、女として愛せるかどうか。これには、もちろん顔だち容姿や風情なんかも入ってきます。性格なんかも入るでしょう。ただしそれは、ひとつ目のような、人間としての特質の話じゃなく、自分の男としての性質の部分と相手の女として性質の部分が、うまく寄り添えるかという意味のことです。

そして、3つ目はセックス。つまりフィジカルに愛せるかどうか。若くてギンギンならともかく、それなりの年になると、意識でいくら盛り上がっても、身体がどこまで興奮反応するかにこれはかかってきちゃいます。その興奮反応のきっかけは人それぞれ。ある程度キャリアを重ねないと分からないことですが、一般的な見地でのエロさみたいなもので全ての男が興奮するわけじゃないんですね。人は、そこを押されると自動的に盛り上がってしまうスイッチやツボのようなものがそれぞれ独自にある。肌触りとか匂いなんてのもそうですね。一緒にいる時間を重ねていくほど、このことは重要になってきます。新鮮さと勢いがなくなったあとは、ツボやスイッチに触れる相手なのかどうかで、それでもフィジカルに愛せるかどうかが決まります。

こうした3つの要素が満たされたとき、その人はきっと、人生をかけて愛する理想の女になるのです。

でもこれって、クルマも同じだと思います。

まずひとつ目。そのクルマに機械として興味が持てるのか。

これは単に複雑怪奇な設計かどうか、斬新な技術を使っているかどうかって話ではありません。例えば前ストラットに後トーションビームみたいな定番設計でも、そこに至った経緯を理解して興味を持てるか面白いと思えるか。ルーテシアだったら、初代のリアサスがフルトレだったのに、2代目でトレーリングアーム中間連結型トーションビームに転じた。それが生む違いや、ルノーがそこに至ったわけを考えて類推して楽しめるか。別の言いかたをすれば、走らせないときでも、そのクルマを面白がれるかどうかです。

ふたつ目は、クルマだと恰好とメカニズム形式ですね。

ひたすら情緒が安定してる女性みたいなFWDがいいのか。それとも常にテンションが上がるミドシップがいいのか。見た目の要素も大事です。上品そうに見えて、ひとたび踏むとヤバいまでのアヤシサが滲み出てくるアルピナしかし矢羽ストライプ非装着仕様みたいな〈昼は貞淑、夜は娼婦〉がいいのか。それとも最初から誰が見てもイッちゃってるラディカルSR4みたいのじゃないと盛り上がらないのか。こういうのは、それこそ人によって、千差万別まちまちです。理屈でどうこうじゃない。物理的に速いかどうかじゃない。自分が一番燃える、あるいは萌えるポイントが満たされるかどうか。それが肝心です。

最後の3つ目。これはそのまんまです。五感で受け取ることが感覚的に自分と合うか。一般的なところではエンジンの回転フィールやステアフィールに始まって、変速時にシフトノブに伝わってくる振動感とかステアリムの表面仕上げとかシートの肌触りとか。理屈じゃなくて肌合いというか波長の合いかたというか、つまり理屈に昇華する以前の原始的な何かが自分に馴染むかどうか。もしかすると匂いなんてのもここに入るのかもしれません。国によってメーカーによって、はたまたモデルによって室内に漂う匂いは違いますから。

この3つの要素を満たすクルマなんて、3つの要素を満たす女に遭う確率より低いかもしれません。でも、もし出会ったら、間違いなくそれが貴方の「俺の一台」になるのです。

世の中の人々は、たぶんここまで突き詰めてクルマを買ってはいないのでしょう。近くにディーラーがあるから。ちょっとした知り合いに薦められたから。なんとなく同じモデルの新型に代替え。結構な額の値引きを提示されたから。そんな簡単な理由でクルマを買ってる。

そこまで関心が低くはなくて、自分ではクルマにコダワッてると思ってるような人でも、3つの要素の全てじゃなく、ふたつとかひとつが満たされていれば、それで満足してるのかもしれません。欠けた要素があるのを無意識の裡に感じ取っていて微妙に物足りないような気がするけれど、まあそんなもんなんだろうと自分を納得させてしまってる。そんな人のほうが多いのでしょう。

でも、このページに質問を寄せてくださる皆さんは、そうじゃないように思います。明日こそは理想のクルマを、いつの日にか「俺の一台」をと、そう願っているように感じられます。文面からそういう渇望のエネルギーを感じるんです。

今までおれは、自動車誌の企画を含めて、大勢の人の「いいクルマはないか」の問いを聞いてきました。そのときのことをつらつら考えるに、ある種の人たちは結局その3つの要素を全て満たす存在を探し続けているんだと考えるに至りました。そしてそれって、生涯の女を探し求める気持ちと一緒なんだとも思いました。

探し求める対象が、絶世の美女やコレクター垂涎の希少車とは限りません。人によっては、すぐ隣にいて手を伸ばせば手に入りそうな身近な存在だったりもするでしょう。探し続けて、探し当てられなかったり、見つけても自分のものにできずに一生を終えるかもしれない。その意味でも、生涯の女と、「俺の一台」は一緒なんだと思います。

こういう限定的な人たちの限定的な意味だけにおいて、女とクルマは一緒なのかもしれないとおれは思っているのです。

Nr 38
JUGEND
1919
BMW
SG
1919
BMW
HÖHENREKORD
Bayerische Motoren Werke A.G.
München 46
liefern:
Motore für Flugzeuge und Motorpflüge
Kraftwagen und Boote
Aluminiumguß
Telegrammadr.: Bayernmotor / Telefonnummer 33897-99
Bei etwaigen Bestellungen bittet man auf die Münchner „JUGEND" Bezug zu nehmen.

「困る質問」

やっぱりそう来るかと思うような質問。おっと、そう来たかと思うような質問。Q&Aコーナーには様々な質問が寄せられます。中には回答者を困らせる質問もあったりするのかな、という質問も来るのです。

たくさんの質問が寄せられると思いますが、慎ちゃんにとって一番イヤな質問はどういうものなんでしょうか？

【神奈川県大和市　深田さん】

実は、最近はあんまし突飛な質問は来ないんですよ。最初のうちは、おれが予想もしてなかった角度からスルドク楽しいやつが襲来してたりしたんですが、このところはマジメなのが多いです。読者の皆さんが皆マジメなのか。それともマジメな質問を見てマジメじゃないとと自己規制しているのか。そのへんはよく分かりませんが、深田さんのような楽しいやつは歓迎です。

というわけで回答をいたしましょう。

ここに限らず、おれが最も困る質問は、ほらあれですあれ。「あなたにとって××って何ですか？」ってやつ。

これって実は、間抜けなインタビューアーが必ず最後にするお約束の質問でありまして、これ投げとくと何となく格好がつく気がするんですね。

インタビューってのは、テーマが決まってるときは、訊くほうも答えるほうも、そんなに難しくない。テーマが予め分かってれば、インタビューアーは下調べもしやすいし、訊かれるほうも、どう答えようか考えておける。ところが、そういうんじゃなく、とりあえず有名な人を引っ張ってきて、インタビュー記事にしてくださいってな注文が結構な確率である。こうなると、多少その人について予習したとしても、現場であまり突っ込んだことは訊けない。当然インタビューも表ッツラを撫でるだけのものになっちゃう。訊かれるほうも、きっとツマラナイでしょうね。そんなとき、お約束のように登場するのがこれ。「あなたにとって……」。訊かれるほうも困るでしょう。いきなり、そんな雲を掴むような抽象的なこと訊かれたって、即座に気の利いたことなんざ返せないでしょうから。

実は、おれも狙いのユルいそういうインタビューを頼まれたことがあります。いきなり伊達公子さんにインタビューしてくれと言われたんです。まだ現役復帰するずっと前のことですが、アウディを買ったので、そのことについて訊けと。いやテニスなんぞ、高校3年のときに前の席にインターハイ個人優勝したヤツが座ってたくらいで、なーんにも知らない。TVでプロテニス見てたのは、コナーズ&ボルグ&マッケンローとかエバート&ナブラチロワの時代だし。だから断わりゃ良かったのに、つい引き受けちゃった。結果は見えてますな。表っ面を撫でたようなやりとりで終わっちゃいました。んで、締めについ訊いちゃいました。「伊達さんにとってアウディとは?」。

さすがに伊達さんはインタビュー慣れしてて、上手に答えてくれて、なんとか原稿まとめられましたが、思い出すだに恥ずかしくて汗顔です。取材者にとっては、自らの間抜けの証明しちゃう質問なんですよ「あなたにとって××とは?」って。

この質問が嫌いなわけは、もうひとつあります。そのバリエーションというか最終最凶進化形を思い出すからです。これです。「あなたにとって私って何?」。男子であれば何度か投げかけられて脂汗を流したことがあるはずの、この必殺の質問が記憶野から蘇って前頭葉の中にこだまする。

これが再生されると別の同じような質問を思い出しちゃいます。「私とクルマとどっちが大事なの?」。コイツに対して、水と空気とどっちが大事って訊くのと同じだとか言って逃げても無駄ですね。これは質問ではなくて「私」って答えろという命令の一種なんですから。

そういえばこの前、同業者からこんなことを訊かれました。

「もし今の仕事辞めるか、一生クルマに乗れないか、どっちか選ばなきゃいけなかったら、どーします?」

おれは答えました。仕事辞めるわ、って。乗らんでも書ける技術説明みたいな仕事はできるでしょうが、それって全然つまらない。自動車のあらゆる技術って、クルマって機械を動かしたときに心に湧き出るあれこれの感情を作るために存在してるんだと思います。単なる技術そのものだけに興味持てと言われても、そこにモチベーションは盛り上がりようもない。それでは人様に読んで頂けるレベルの物が書けるとは思えないんです。

と言ったら件の同業者、「自分から辞める前に、こういう仕事そのものが消滅するかもしれませんね、この業界の状況だと」だって。まーそうなったらそうなったで、大阪に出かけてって古いダチの吉ッさんやサガちゃん相手に一晩中クルマのこと喋り続けてやりましょうかねえ。

「カネに関する最終提言」

コミュニケーションの深さが一番。過ごした時間の濃さが何より大事。それは分かっていてもクルマはやっぱり機械。コストや手間をかけた高額なやつは、そうでないものよりも、物理的に優秀になる。その冷酷な現実に打ちひしがれる人は少なくありません。

スイフト・スポーツに乗っています。サスを社外のものに入れ換えたり、タイヤを換えたり、自分なりに色々遊んでおります。しかし、色々な自動車雑誌を読んでいると、結局はポルシェだのロータスだの、国産でもGT－Rクラスあたりでもなければ、結局は自動車というものの究極的な楽しみは体験できないのかという思いを抱くこの頃です。しかし、こういう価格の高いクルマは、私にとって非現実以外の何物でもありません。やっぱり、クルマは商品であり、商品である以上、お金なのでしょうか。キレイゴトではなく、シビアな現実を踏まえた回答をお願いします。

【東京都府中市　S・Kさん】

買って乗る以外にも、クルマの楽しみは色々ある。ずっとおれはそう書いてきています。でも、もっと現実に踏み込んだ話が聞きたい。S・Kさんのご質問を、おれはそう解釈しました。

分かりました、了解です。キレイゴト抜きでいきましょう。

自分の中に創る世界でなく、クルマそのもので得られる直接的な楽しみ。普通に考えれば、それはやはりクルマそのものの機械としてのレベルに依存することは間違いありません。コストと人手と技術力を投入した機械ほど、作動は精緻で能力も高い。それが冷厳な現実です。

しかしですね、楽しみという情緒がこれと比例するかというと、違うと思いますね。

クルマに乗って走らせる楽しみ。これには色々あります。自分とクルマの関係だけで築くものもあります。新型が出ようと、もっと速いクルマに脇から抜かれようと、笑われようと無視されようと何も関係ない。ドライバーであり所有者である自分と、自分の愛するクルマだけで成り立つそれは楽しみです。

一方で、そうして思念を閉じて引きこもらずに、現実の社会の中にまみれてこそ得られるものもある。

おれは、後者はつまるところ、ふたつに収斂すると思っています。

ひとつは「どけ。ビンボー人」。

もうひとつは「どけ。カネモチ」。

高価な自動車というものは、性能的にも視覚的にも、そのへんの並のクルマを圧倒できるように作られています。そうでなければお客は買おうとしない。排気量もデカく馬力も大きいエンジン。それを受け止める剛い車体と凝ったアシに高性能タイヤ。内在するそういった能力を誇示するように、威圧的できらびやかなルックス。そんな中身と外見でもって、普通の機械どもを蹴散らす。

こういうことって、決して人間としてほめられたものでなく、下品でハシタナイ行動ではあります。

しかしですね、こういうヨコシマな欲望に基づく快感を、自動車という商品は飲み込んだ上で成立しているのも事実です。CクラスをEクラスで蹴散らし、そのEクラスをSクラスで蹴散らし、そのSクラスをSクラスAMGで蹴散らす。そのAMGをロールスで睥睨する。それは一種の階級社会で、でも現実の身分階級とは違って、先進国の平均年収の数倍ほどの金額を突っ込めば、誰でもすぐにかなり上の階級に移動することができたりもする。自動車の楽しみのうちの、これは重要な要素のひとつです。アホくさいといえば実にアホくさいことではありますが、誰でもこういうヨコシマな欲望を僅かでも持っているはずで、フェラーリなんぞという物体を実際に買ってしまったおれとしては、乗ってヨロコんでいたときに自分の心の中にそういうヨコシマに基づく何かが潜んでいたことを否定しません。S・Kさんだって、横並んだスイフトの下位グレードのXGとかを横目で見たとき、そういうココロモチが微かながら芽生えたことがあったりするのではないでしょうか。

「どけ。ビンボー人」。これは、差額が10万円だろうと5０００万円だろうと同じなんです。もちろん、そうして見下すときの根拠は値段の差や性能の差だけでなく、より高い次元で作られた機械のもたらすものを自分は知っている、そして今まさに味わっているのだという優越感も含まれます。「どけ。ビンボー人」はクルマのもたらしてくれる快感の、否定できない大きな要素なのです。

かたや「どけ。カネモチ」はその逆です。高いレベルで作られているはずの機械を手にしていながら、それをちゃんと分かってない使いこなせない人間も世の中には多い。そんな奴らを、値段は安いクルマで蹴散らす。これもまた強烈な快感のひとつです。最新の911を手塩にかけた3.2カレラで追いかけてヒイヒイ言わす。ピカピカのベンツを水垢だらけのプロボックスで抜く。踏み切れてないヌルいシビック・タイプRをスイフト・スポーツで追い回す。そういう下克上の楽しみです。高い金払ったくせに、それを十分生かして楽しめていない人間を、腕とクルマの知識と心意気で蹴散らす。それがどんなに楽しいか、S・Kさんには言うまでもないでしょう。

そして、「どけ。ビンボー人」と「どけ。カネモチ」は、単純な高い安いの構図で成立するわけじゃなく、実は互いに渾然一体となってクルマの楽しみの世界を構築しています。例えば旧モデルと最新モデル。320iとM3。革シートと布シート。20インチの超扁平タイヤでスカしたクルマと、どノーマル185の60タイヤに鉄チンホイールなんてのもそう。営業バンとロールスとか、国産ホットハッチとスーパーカーなんていう分かりやすい組み合わせだけじゃなく、それこそこの世の自動車の間に無限に成り立つ関係なのです。

それにまた自動車雑誌だって「どけ。ビンボー人」と「どけ。カネモチ」のふたつの要素に寄りかかって成立していたりします。例えば、この企画の連載時の出版社で言えば、『ティーポ』は後者のモチベーションの上に作り手と読者の関係が成り立っている雑誌ですし、『カーマガジン』は強いて言えば前者でしょう。そして、『オートカー』はと言えば、その両方を楽しんでしまおうというスタンスだったんだとおれは思ってます。

だからS・Kさん、両方を工夫して適当に組み合わせて楽しめばいいんですよ。上から、下から、色んな視点でクルマを楽しむ。そうするうちに、高い安いとか機械のレベルの上下なんか、まあどーでもいいやというフラットな心境が芽生えます。カッコ良く言えば枯淡の境地つうんですかね。「どけ。ビンボー人」も「どけ。カネモチ」も「どーでもいいや」も全て楽しめるようになる。

こうなったらしめたもんです。何に乗っても楽しめる。ビンボーなガキだったおれもS・Kさんと同じような苛々と諦観でヤサグレたことが何度もありました。でも、あれこれやって七転八倒した挙句、最終的に「何でも楽しい」の今の心境に到達しました。だから、フェラーリが6年間不動車でも、アシがクーラーかけてもいっこうに冷えない走行13万㎞のポンコツでも、何となればカーシェアでも平気になっちまいました。

まあ、そこまでのしょうもない状態に逝ってしまうのはナンだとは思いますが、ゼニカネにヨコシマに敵愾心に下克上なんでもありでクルマを楽しんでしまったほうが、結果として楽しく人生を送れると思いますぜ。

9350

あとがきに代えて

前作に好評を頂き、こうして続刊を出すことになりました。ありがとうございます。そしてここも前作に引き続き、あとがきではなく著者の人となりが垣間見えるQ&Aを載せることになりました。

Q 未来のクルマの動力源を予想してください。

A 物理工学的な正否では決まらないでしょう。決めるのはエネルギー利権の帰趨。日本と欧州と北米でそれが違ってくる可能性は多分にあります。おれなりに正論としての見解はありますが、実際にどうなるかは全くもって不透明です。

Q 運転していて好きな道は?

A 空いていて、前2席にイカツイ男が並んで乗っているクラウンやレガシィがいない道ならどこでも。状況込みで言うならば、夜中に東名を大阪に向けてひた走って、京都盆地を過ぎて吹田ジャンクションを越えたところで道が下って大阪の街の夜景が視界一杯に広がるあたりが好きです。おー、来たぞーの感慨がひとしおなのです。

Q 走ってみたい場所は?

A もう一度イギリスを走りたい。今度はコーンウオール地方を。北上してウェールズからスコットランドもいいかも。

Q自動車業界で尊敬する人は誰？

A仕事の範疇において凄えと思って畏怖を覚えたり感激した人はいます。パオロ・スタンツァーニ。ニコラ・マテラッツィ。櫻井眞一郎。ダンテ・ジアコーサ。ヤコブとヘンリク・ヤンのスパイカー兄弟。997系までの911を作った無名の現場技術者たち。マイク・クロス。数えきれない。でも尊敬というのとは違うなあ。いないんですかね、おれ。不遜な野郎なのかもしれません。でも思い当たらない。考えたこともなかった。

Q色んなメーカーの車体、エンジン、内装、タイヤなどを組み合わせてクルマを作るとしたら？

Aロクなクルマにならないでしょう。素材はあくまで素材。それを生かす能力のある人が、それが必要だと判断して使ったときに初めて素材は意味を成します。紀伊国屋や成城石井で金にあかして適当に買ってきた素材を片っ端からブチ込んでも、上手い料理になる確率より不味くなる確率のほうが高いってのと一緒です。

Q理想のデザインだと思うクルマを1台、挙げてください。

Aアルファロメオ・ティーポ33ストラダーレ2灯仕様。フェラーリ328GTBって答えると思ったでしょう。違うんです。

Qクルマの魅力をひとことで言うと？

A人間が操作して、他人の都合や行動に縛られずに、自働でそれが人間のそれを遥かに超えた能力で走って移動できること。すなわち個の移動ツール。それに尽きると思います。

続 自動車問答

二〇一九年七月十二日　第一刷発行

著　　者　沢村 慎太朗
編　　集　星賀 偉光
装丁デザイン　木村 貴一
印刷・製本　図書印刷株式会社
発 行 人　平井 幸二
発 売 元　株式会社文踊社
〒二二〇-〇〇一一　神奈川県横浜市西区高島二-三-二十一　ＡＢＥビル四Ｆ
ＴＥＬ　〇四五-四五〇-六〇一一

ISBN978-4-904076-74-3
価格はカバーに表示してあります。
©BUNYOSHA 2019 Printed in Japan
本書の全部または一部を無断で複写、複製、転載することは、
著作権法上の例外を除き、禁じられています。
乱丁、落丁本はお取り替えします。